大是

ンのすごい問題解決

帶人的問題，Amazon都怎麼解決？

亞馬遜的管理學，就算資質普通也被你變成幹練。
下指令、建標準，課本沒教的管理實務。

日本亞馬遜創始成員、
事業成長支援顧問
佐藤將之 著

林信帆 譯

目錄

第5章　部門衝突、內部瀰漫無力感，亞馬遜這樣找回幹勁

第6章 考績怎麼評估，結果人人服，員工留得住？

推薦序一

管理最重要的，永遠是如何對待人

葳逸整合行銷總經理／艾薇蕭

以前陳舊的管理概念認為，組織是一個蘿蔔一個坑，只要把人填好、填滿，組織就可以正常運作。在工業時代應該如此，然而時至今日，所有的資訊爆炸透明，光是面試過程，都會被放在網路上評斷，如果還不改變觀念，應該很難管理。

每個企業的組織文化，絕大部分會被老闆影響。雖然說職場談的是能力及利益，但其實人是有情感的，如果老闆一心只想把員工當成賺錢的工具，員工也必然把老闆當作賺取收入來源的工具。當出現收入更好的工作，自然會毫不眷戀的離開。但很多人的心態就是認為自己可以索討，別人也必定得付出，才會搞得自己痛苦不已。

隨著企業經營慢慢擴張，就必須改變管理及應變的方法。草創時期的公司幾個人的規模，與員工成千上萬的大公司相比，管理方式絕對不同。如果決策者不能及時跟上組織變革，並改變自己的心態，是很難蛻變成非常厲害的企業。這也是為什麼許多中型公司，無法再更上一層樓的瓶頸所在。

但不管多麼大的公司，管理工具是為了激發員工內在潛能，而不是為了把人變成工具。尤其是網路世代，每個員工認同公司文化而願意為公司效力，盡心盡力的去創造價值，遠比安分守己的把事做好更重要。

獲邀閱讀大是文化出版的《帶人的問題，Amazon 都怎麼解決？》，我感觸很深。因為創業其實只有兩件事，一是錢、一是人，把錢和人處理好，公司就可以持續營運不倒閉。但說真的，錢的事簡單，不管是找投資、借貸、節省成本還是擴增業務收入，都是一翻兩瞪眼，可立即見效的。

但管理人的困難之處，在於有各種面向和立場，有許多情緒及角度。每個人都是不同的個體，如果不好好處理，看似小事，最後就會變成大事。我有個朋友脾氣暴躁，對待員工苛責，結果員工背叛他，將整個公司的生產線跟人員全都帶走，跳槽到競爭對手公司，原本破億的營業額歸零，搞到公司差點倒閉。積怨已久的情緒加上利益，讓員工做此決定，身為老闆的人實在無法說自己沒有責任。

站在巨人的肩膀上，絕對可以看得更遠。亞馬遜規模這麼大的企業，管理方式肯定有過人之處。書中針對各式各樣的狀況詳細解說，是非常實用的管理工具書。我們都會遇到各種問題，得不斷學習、面對，才能走到最後。

本書非常推薦給想要好好學習管理的人，或想要在組織裡往上爬的人。也許有天你會處在高位，這本書將可以帶給你更寬廣的視野。

推薦序二

亞馬遜高速成長的祕訣：顧客就是你的北極星

《經理人月刊》總編輯／齊立文

成立於一九九四年的亞馬遜（Amazon.com），在剛剛結束的二〇一九年，走過了四分之一個世紀。從單純的網路書店，到如今的零售巨擘與雲端鉅子，成績單如何？

里程碑之一，在二〇一八年九月，亞馬遜成為繼蘋果公司（Apple）之後，史上第二家市值突破一兆美元的美國公司。儘管截至二〇二〇年初，躋身「兆元俱樂部」的美商只有蘋果和微軟（Microsoft）兩家，但是亞馬遜市值依舊維持在九千三百億美元左右。

里程碑之二，從一九九七年五月，以每股十八美元上市以來，即使有長達十年以上的時間，亞馬遜的股價都在兩位數打轉，但是自從二〇〇九年股價首度突破一百美元以來，此後就一路斜角上揚，直至二〇一七年十月達到每股一千美元。而更令人心跳加速的是，在短短十個月後，也就是二〇一八年八月底，亞馬遜每股股價又翻了一番，首度突破兩千美元大關。

里程碑之三，亞馬遜創辦人傑夫·貝佐斯（Jeff Bezos）在二〇一九年的彭博億萬富翁指數（Bloomberg Billionaire Index）裡，以淨資產一千一百五十億美元，高居美國第一富豪，緊追在後的是人們常年來聽慣的世界首富比爾·蓋茲（Bill Gates）。

為什麼近年來出版市場上，出現許多書籍探討這家成立超過二十年的公司？更精確的說，越來越多人想知道，亞馬遜在「蹲低」、財報上獲利赤字的那些年裡，究竟做了哪些蓄積動能的準備，得以在「躍起」時勢不可擋。

這個問題，由本書作者佐藤將之來回答，頗具說服力，因為他離開日本亞馬遜（二〇〇〇年成立）之前，在職期間長達十五年，對於亞馬遜的企業文化和管理制度知之甚詳。他先前也在《Amazon的人為什麼這麼厲害？》（大是文化出版）和《一小時做完一天工作，亞馬遜怎麼辦到的？》兩本書裡，闡述過前東家的組織經營與工作效率祕訣。

不管你是否是第一次閱讀佐藤的書，或是像我一樣已經讀過前兩本，都建議先翻到這本書末的參考資料附錄，先讀完亞馬遜的組織架構、我們的領導力準則（Our Leadership Principles），還有貝佐斯曾經畫在餐巾紙上的亞馬遜商業模式圖。看完之後，問問自己，是不是都能夠心領神會，接著只要按表操課，就可以打造出下一家亞馬遜？

如同作者在書中所說：「經常有人問我：『亞馬遜為何可以成長得這麼快速？有什麼特別的訣竅嗎？』我通常都這麼回答：『沒有什麼特別訣竅。亞馬遜只思考可以為顧客做什麼？然後單純的展開事業，是一間按部就班的公司。』」

因此，當你讀到亞馬遜人都背得嫻熟的十四條「我們的領導力準則」，而且第一條就是絲毫不足為奇的「顧客至上」時，你需要進一步思索的是，這基本到不能再基本的原則，該怎麼嵌入到組織的肌理，成為每一個亞馬遜人的思考與行動準則：在亞馬遜，顧客就像是如同北極星一樣的存在。

再比方說，在聽到亞馬遜全組織上下，都嚴格落實目標管理與數字追蹤，你會訝異嗎？畢竟你的公司肯定早已行之有年。

因此，我們需要深入探索的，就不會是亞馬遜做了什麼，而是究竟如何做到：為什麼當組織或員工的成果超出預期目標二〇％，亞馬遜未必會感到歡欣鼓舞？

答案是：「若『目標達成，而且超出目標二〇％』，這在亞馬遜，會被認為是制定預算時標準太低，隔年反而會被要求制定更嚴謹的預算計畫。」換句話說，當目標達成度一二〇％，就表示你目標估不準，而且太寬鬆，才會可以超出二〇％。這樣的觀念，你的頭腦需要轉個彎，才能不打結，對吧？

我大膽想像，作者會寫這本書的部分原因，應該是在宣揚亞馬遜的企業文化與管理方法時，經常被問及：「我們又不是外商？又不是亞馬遜？」所以，書中以日本企業常見的困擾為主軸，輔以亞馬遜的對策和作者個人的管理心得。

拿到這本書時，不妨先翻開目錄，看看日本企業現行的轉型難題，是否與你的處境相近，再按圖索驥，找到值得參考與仿效的作法。

序言
令人頭大的管理問題，亞馬遜都這麼解決

這些年來，西雅圖出現驚人的變化。

二〇一八年十二月，我造訪了亞馬遜總部所在地，位於美國西岸的西雅圖。前一次拜訪是在二〇一五年，我還任職於亞馬遜的時候。當時亞馬遜在剛剛開始重新開發的南聯合湖（South Lake Union）地區建了幾棟大樓。當時應該沒有多少人知道，這個既沒有看板、也沒有大門或圍牆的區域，就是亞馬遜的總部所在地。

然而，在二〇一八年，亞馬遜搬遷到更寬廣的園區，正式進駐新總部大樓。我的舊友、某位亞馬遜高級副總裁告訴我：「與亞馬遜相關的大樓，在這附近就有三十五棟！」西雅圖曾由波音飛機、微軟帶動經濟發展，也是星

巴克咖啡誕生的城市。如今這個城市已經形成以亞馬遜為中心的經濟圈，其影響力之大，連同上下班尖峰時間的衝擊，被稱為「亞馬遜效應」。

西雅圖街道急遽的變化速度，與亞馬遜的成長速度呈現同比例增長。過去幾年來，亞馬遜以每年三〇％的速度成長，這也代表亞馬遜每隔兩年，企業規模就會增加一倍。周邊環境自然會出現各種改變，與這種成長速度相對應。因此理所當然的，時隔三年後造訪西雅圖，在我眼中已經呈現完全不同的樣貌。

永遠要尋找最適當的答案

為何這本書，一開始要先談亞馬遜的成長速度？

這是因為高速成長的企業，若不能從本質上解決問題，經營就會出現困境。解決問題的思維與行動，對亞馬遜而言是不可或缺的要素。

亞馬遜將「反向思考」（Thinking Backward）深植於企業文化中，總是從「**最終目標是什麼？為了達成這個目標，現在必須做什麼？**」的角度來面對問題。蓋房子時，如果地基沒有建好，就在上面不斷施工，這些建築物總有一天會倒塌。同樣的，如果不從根本解決問題，只是不斷見招拆招，這樣的成長遲早會在某個瞬間陷入困境。

作為日本亞馬遜創始的第十七位成員，我投入創建工作之後，在這家企業度過了十五個年頭（按：詳見《Amazon 的人為什麼這麼厲害？》一書〔大是文化出版〕）。離開亞馬遜後，我更重新認知到它的厲害之處，那就是「亞馬遜貫徹始終」。

亞馬遜的執行長傑夫・貝佐斯（Jeff Bezos）思考事物規模的時間軸，遠比你我所能想像得更長遠。而對其態度深有同感並聚集的亞馬遜員工，便經常要尋找「最適當的答案」。

當然，這不是指亞馬遜的做法是唯一的正確答案。但在這個面臨超級少子高齡化、人工智慧崛起、東京奧運後經濟下滑等劇烈變化的時代，企業經營也面臨各式各樣的問題。對於目前苦於這些問題的主管，亞馬遜解決問題的方法，是否可以帶給他們一些線索？這便是驅使我撰寫本書的強烈動機。

亞馬遜的強項——解決一個問題，賣出很多答案

二〇一八年底在西雅圖，我親身體驗了幾項亞馬遜推出的新服務。亞馬遜與大型地產開發商一起合作，推出亞馬遜體驗中心（Amazon Experience Center），這是一棟有兩層樓、四個房間的智慧家居建築，其特徵是透過可用語音簡單操控的智慧型喇叭「Amazon Echo」為中心的設計；只要對喇叭說「我想看電影」、「去打掃」、「拉開窗簾」、「關掉電燈」等指令即可，可說是近未來的住宅。藉由這項服務，也可望能夠解決高齡化與獨居所帶來的社會問題。

不同於迄今為止、由握有科技的人來製造物品或提供服務，亞馬遜以解決問題為目標，由具有願景並試圖實現該願景的人，與握有各種科技的人共同合作，創造出各種物品與服務，這就是我們的時代。

除此之外，我也造訪了無收銀機的人工智慧便利商店「Amazon Go」創始店。只要事先下載並安裝手機應用程式，在入口處感應手機，然後把所購買商品放入購物袋、從商店出口離開的瞬間，系統便會自動結帳。商店裡透過

大量裝設在天花板的鏡頭，檢測顧客的袋子裡放了什麼東西，總共有幾個。換句話說，因為有最先進的**影像辨識技術**，才得以實現全球第一家無收銀機的人工智慧便利商店。

然而高度影像辨識技術並非在一朝一夕之間出現的，亞馬遜早在倉庫的進出貨作業過程中，就導入並活用影像辨識技術。此外「Amazon.co.jp」的手機應用程式中，也搭載商品檢索功能，只要用手機拍下眼前的物品，就可以搜尋販售商品的網頁。影像辨識技術這個關鍵詞，貫穿並聯繫了過去、現在與未來。

創始於西雅圖的「Amazon Go」推廣到全美各地、歐洲等地之後，應該也會進入日本市場。對苦於勞動力減少的已開發國家來說，這無疑是一個解決問題的良策。

不僅解決自己的問題，還對他人銷售解決方案

對企業來說，從根本解決問題的最大好處是什麼？那便是從銷售過程中

獲得的知識。

亞馬遜透過「Amazon Go」所要銷售的，並不是放置在店裡的商品，而是「Amazon Go」這個革命性的平臺。因為除了人手不足之外，這種型態的商店也可能解決其他各種問題，例如對於偷竊（順手牽羊）就有很好的嚇阻效果。偷竊對各超市或書店而言，都是很頭痛的問題，但只要利用影像辨識技術管理的「Amazon Go」，便可減少因偷竊帶來的損失；或是可以具體分析消費者在店裡的購買行動。在這家便利商店，只要分析顧客購買時的影像，便可更清楚掌握店面商品促銷活動的宣傳效果。

自行創建設備及體制，然後把它作為平臺銷售——亞馬遜便是基於這個基本概念來推展業務，並持續成長。

或許有些讀者對「解決問題」一詞抱有負面印象，認為這是消除負面的情況，回歸到零的狀態。

然而，亞馬遜著眼的解決問題層級遠高於此。亞馬遜的期望是「從負面狀態一口氣轉為正面」。只要正面面對問題，並從根本解決，其他各方必定會出現一些聲音：「可否提供做法或機制給我們。」換句話說，**解決公司問**

題的過程中獲得的知識，將有可能成為新商品。

各位或許也可以嘗試一下亞馬遜的思考方式，也就是以「賣給其他公司」、「對社會有正面影響」這樣的層級為目標，更積極的尋求解決之道。要推動一顆很重的大石頭，一開始或許要花比較多力氣，但若能繼續前進，前方必定有充滿創造性與希望的未來在等待著你。

第 1 章

「帶人」的問題，亞馬遜主管都怎麼處理？

——找不到人才、部屬沒成長、工作改革越改越糟、
這件工作居然全公司只有一個人知道怎麼處理……

工作說明書——明文界定工作的責任範圍

「那個人請假的話，那個業務就必須暫停」、「工作方式改革後，反而比以前更辛苦」、「培育不出人才」、「找不到人才」，這些問題看似都不一樣，但其實有很多時候，可能是因為公司內缺少**工作說明書**（Job Description），使得個人職掌不明確所造成的。我個人認為比起職掌範圍一詞，責任範圍或職務權限等用詞應該更為貼切，因此本書統一使用「責任範圍」一詞來表示。

亞馬遜內對於各個職位，都**明確的界定責任範圍**。責任範圍具體上該如何描述，各位可瀏覽亞馬遜的徵才網頁。舉例來說，負責下訂單的部門，其責任範圍便是「製作訂單、下單給交易廠商並與廠商溝通，管理交期」。若責任範圍文字中沒有「開發新廠商」一詞，就不需要負責開發新廠商，這項工作會有其他人負責。經理的責任範圍，和職位更高一階的協理當然不同。

亞馬遜內不存在有名無實的頭銜。

亞馬遜追求每一位員工的成長，因此訂立目標時，絕對不會設定和去年同樣的目標。正因為每一位員工都在成長，所以公司才能成長。然而，每位員工是努力於徹底負起自己的責任，**絕不會發生超出責任範圍，或是範圍不清、讓員工什麼都得做的情況**。亞馬遜的風格是明確訂出目標與責任範圍，但至於如何達成，則交由每個人自行發揮，如此一來，員工才能成長。

1 只要有人請假，相關業務就停擺？

「一個人請假，就影響到整個部門運作。因為不知道他在做什麼工作、進度到哪裡，即使想接著做下去，也不知道該怎麼做。」這種情況有人稱之為工作屬人化或工作孤立化，應該有不少職場都有類似的困擾。

這樣的屬人化、孤立化也會導致業務重工。例如A團隊與B團隊都在接洽同一家公司、C和D掃描了同一個人的名片等情況，便是典型案例。

該如何解決這個困擾？關鍵之一就在於明確釐清責任範圍。主管可以先試著確認以下三點：

①掌握每個人的工作內容。

②重新分配工作。
③確立有人請假時該由誰代理、如何代理的機制。

以下將分項詳細說明。

把綁在某人身上的工作與當事人分開，鉅細靡遺詳列工作內容

關於上述①「掌握每個人的工作內容」，可以先**讓團隊中的每個人，以條列方式一一寫下自己的工作內容**。接下來以這些筆記為主，進行一對一面談，進一步詢問詳細的事項。如果有人寫了「拜訪Ａ公司」，可以詢問部屬具體上有哪些步驟，或是確認有無其他雖沒有寫下來，但其實正在執行的內容，例如泡茶、丟垃圾等。即使主管有業務經驗，也不應擅自假設自己知道業務部門同仁都在做些什麼工作，而應該以一無所知為前提，來確認具體的工作流程。

對於團隊主管來說，重要的是完全掌握自己的團隊在做哪些工作。就像

是把原本綁在某人身上的工作和當事人拆開，再一一攤在桌子上檢視。把工作攤開來看，從高處俯瞰，便可大幅減少工作的屬人化、孤立化。

關於②「重新分配工作」，只要能掌握工作內容細節，**自然會發現業務量過多的人**。不管是多麼有能力的員工，若一直處於能者多勞的狀態，他的工作表現或熱忱也會下降，遲早會離職。此時主管應該將一部分工作轉交由其他人負責，減輕業務量過多的員工的負擔，使團隊成員整體的責任範圍更明確。

關於③「確立有人請假時該由誰代理、如何代理的機制」也非常重要。可以先大量蒐集如「之前某某人請假時，讓某乙很困擾」等，曾經發生過的案例。為了不要再發生同樣的困擾，就必須清楚確立每個人請假時的代理機制，並讓團隊成員都了解這個機制。

雖說是代理，但要完全取代當事人也是很困難的，代理人只要能做到不會對其他成員造成不便的程度即可。方法之一，是決定好當某甲請假的時候，關於這個業務，便交由同事某乙來判斷、決定。這又稱為「權限委託」（Delegation），是亞馬遜很重視的思維。

草創期「什麼都得做」的風氣，是好還是壞？

公司草創時期由於人手不多，心態上若不採取想到的任何事情都去做，或是一件事要自己從頭做到尾，公司便無法上軌道。我在二〇一八年底訪問西雅圖時，造訪了數間新創公司，這些公司的員工每天在工作上投入相當長的時間，這股驚人的熱忱是日本的新創公司完全比不上的。

不同時期必須有不同的工作方式，因此我並不是要否定這種工作模式。然而，在傾向工作屬人化的企業中，有許多公司即使員工人數已經大幅增長，卻依然保留草創期「什麼都得做」的風氣，不改變既有方式，一直持續至今。典型的案例就是，幹部經常會說：「我們年輕的時候很積極，什麼事都主動去做。」感嘆年輕員工缺乏幹勁。

若這樣的方式可以順利推展工作，倒是無所謂。然而，若已經妨礙工作，主管就應該要先著手將人與工作拆分開來，重新分配團隊內的工作，並建立發生緊急情況時的代理機制。

A. 把一個職位的所有工作內容攤開來看，重新分配工作，並決定代理機制。

① 掌握每個人的工作內容。

↓

② 重新分配工作。

↓

③ 確立該由誰代理、如何代理的機制。

此外，在重新分配工作時，當然也可能發現既有資源不足以應對所有工作量。這是由於人力、物料、金錢等資源不足，此時不應依靠員工的熱情或善意來完成工作，而是要尋找缺乏的資源。例如增加新成員（人）、導入新機器（物）或者是外包工作（錢），有許多解決方法可以選擇。而設法去交涉、找到這些資源，才是主管該做的事。

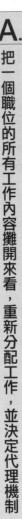

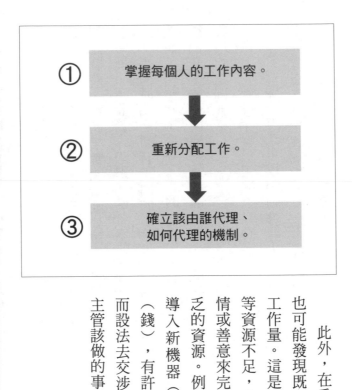

2 任何職位的人都可以質疑：「真有必要做這件事嗎？」

「最近公司嚴格限制加班，但是我事情做不完，只好把工作帶回家做」、「即使是假日，也要透過手機處理公事」等，經常會聽到上班族這麼抱怨。

希望員工準時下班，絕對是好事，但若不改變工作方法或是實際作業方式，就無法從根本上解決這個問題。

更糟糕的是，以前加班就等於留在公司，上司比較容易掌握情況。但如果員工將公事帶回家處理，主管便完全無從掌握誰在做什麼工作、現在做到哪個階段，制度反而越改越糟。

減少可有可無的事，省去多餘的工作流程，訂出最好的工作方式，發揮各種創意、**在上班時間內把事情做完**，**然後自由享受下班後的時光**，這才是真正的工作改革。若是已經發揮了各種創意，還是無法達成前述狀態，那就是工作量過多，此時就只能增加更多人力、物料、金錢等資源。

可有可無的工作，要狠下心來喊停

那麼，該由何處著手？建議第一階段先推動明確釐清工作的責任範圍，也就是執行前項問答時（請參照第三十、三十一頁）所介紹的前兩項：

①掌握每個人的工作內容。
②重新分配工作。

優秀又有能力的人通常工作量會比較多，認真且上進的人會努力去完成工作。因此主管首先要掌握整個團隊的工作內容，**從工作量大而疲於奔命的員工手上，挪開那些可有可無的事**。

之後要做的就是，③從根本上重新檢討業務內容。

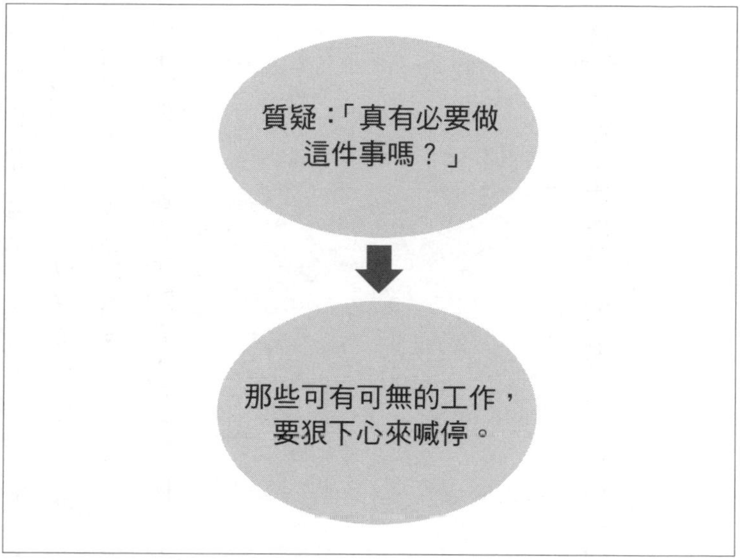

首先從必須耗費大量時間處理的業務著手。開會、訪問客戶、寫企劃書、處理報帳收據等，依部門別或業務別，花時間的工作也不同，從最耗費時間的業務著手是最有效的。要從根本上質疑：「真有必要做這件事嗎？」若確定是可有可無的工作，就狠下心來喊停吧。

在亞馬遜，員工利用郵寄清單（mailing list）來共享資訊。曾經有一次在某個企劃案告一段落後，還有員工每天利用這個大家已經不太閱讀的清單群組，寄送工作日誌。這個員工似乎是擔心，別的部門主管會覺得他怠忽工作，所以認為每天都應該寄日誌，遲遲改不掉這個習慣。有鑑於此，我對他說：「試著不要每天寄工作日誌，改為只在有重大事項的時候發送。」果然，停寄之後什麼問題都沒有。若持續做某件事的理由不是為了顧客，那麼即使不去做，通常也不會有問題。

A. 掌握工作內容，重新分配，嘗試停掉太耗費時間的工作。

3 部屬沒成長？人才不是培育出來的

曾有某公司的中堅幹部找我商量：「部屬每次都要問我接下來該做什麼，怎麼教都學不會。」

當他們這樣問時，我通常會反問：

「你是否明確**告訴部屬，一件事要做到什麼地步，才算完成？**」

「你是否試著**告訴部屬『我把到這一層級為止的權限委託給你』，並試著落實？**」

「你是否會**告訴部屬，他接下來想要晉升的職位，需要什麼樣的經驗與能力？**」

如果都沒有確定這些事情，或是即使確立了，卻沒有讓部屬知道，那麼很可惜，部屬當然不會成長。其實員工無法成長，很多時候是因為責任範圍不夠明確。

明文界定職位的責任範圍，讓每個階段「看得見」

只要責任範圍明確，主管便可告訴部屬：「現在你的工作是這一項，到**什麼時間點為止，必須做到什麼程度**。」只要告知最終目標與完成期限，員工自然會採取行動。

此外，委託權限也很重要。部屬會一直來問接下來要做什麼，是因為他以為需要主管的同意才能行動。因此主管必須清楚畫出一條界線，告訴同仁：**「我希望你執行以下這幾個步驟，每次在進到下一個步驟前，先來向我報告，**我們一起確認下一個步驟的執行重點。」

讓每一階段「看得見」是必須的。若部屬不知道該做什麼、該怎麼做才能進到下一個階段，自然找不到努力的方向。

職場上有許多人，從第一線執行業務的角色被拔擢為管理職後，無法順

① 清楚交代工作的最終目標與截止期限。

② 委以權限。

③ 使每個階段「看得見」。

利適應。大多數的企業都是在員工晉升管理職的前幾天，才開始施以管理技能研習。經常有人說越是厲害的選手，晉升管理者之後通常表現越差，不同身分該發揮的功能不同，有許多員工會因此感到迷惘，經常想起自己還是第一線人員時的狀態。

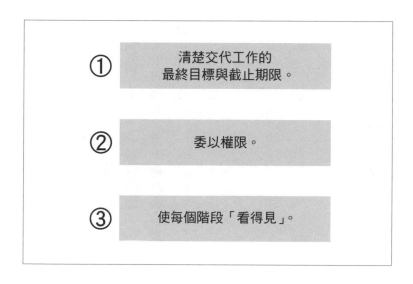

因此，在晉升前給予管理技能研習不是不好，但若能在部屬還是第一線員工時，就不斷的清楚讓他們知道，成為管理職需要具備的能力與經驗，效果應該會更顯著。

如前所述，在亞馬遜，所有職務的責任範圍都有清楚的界定。也就是說，成長的階段是看得見的，員工也都能理解要從經理更進一階到資深經理，必須具備哪些經驗與能力。另外，也有員工認為換到其他新部門，能更活用自己的經驗與能力，因此申請職務調動。

關於培育不出人才的問題，我認為癥結出在主管培育部屬的做法上。若能改變想法、不去培育部屬，而是創造讓部屬可以成長的環境，如此他們自然會成熟茁壯，效果也應該會更好。為了做到這點，最重要的便是明確界定責任範圍。

A. 不用刻意培育部屬，而是創造出讓部屬得以成長的環境。

4 天天徵才，還是找不到好人才

「雖然想找人，但一直找不到好人才」、「一直在徵人，但即使發出徵才啟事，也沒人來」，會有這些困擾，原因都來自於公司沒有明確描述，想要找什麼樣的人才。

是否是優秀人才，會依職位所要求的技能而不同

「找不到好人才！」很多公司的人資主管，經常把這句話掛在嘴邊。這時我會問：「到目前為止，你們找到的好人才，都具備哪些經驗與能力？」依照不同情況，好人才的定義自然不同。

亞馬遜招聘時一定會看兩個重點。

第一個：「是哪個部門在找人？**需要具備什麼能力與經驗的人**？」以我之前服務的營運部門為例，招聘營運經理與資深營運經理時的標準，就完全不同。前者是要管理一個部門的主管，後者是要監督、管理數個部門的主管。可能有些人聽了，會覺得這是理所當然的事，但亞馬遜招聘各種職位時，都有共通的招聘方式，那便是「希望握有某項技術的人才，一定要加入我們公司，因此選擇錄取這個人」。在亞馬遜絕對不會發生：只憑感覺、卻不知道為什麼就聘請了這個人。

另一個招聘時會看的重點是：「這個人是否能發揮領導能力？」亞馬遜將追求的領導力理念統整為「我們的領導力準則」（Our Leadership Principles，簡稱 OLP），共有十四條（請參照第二一三頁至二一七頁）。亞馬遜員工稱自己為亞馬遜人（Amazonian）。不分職位或部門，所有亞馬遜人都被要求具備領導力。

具體來說，就是以下兩點：

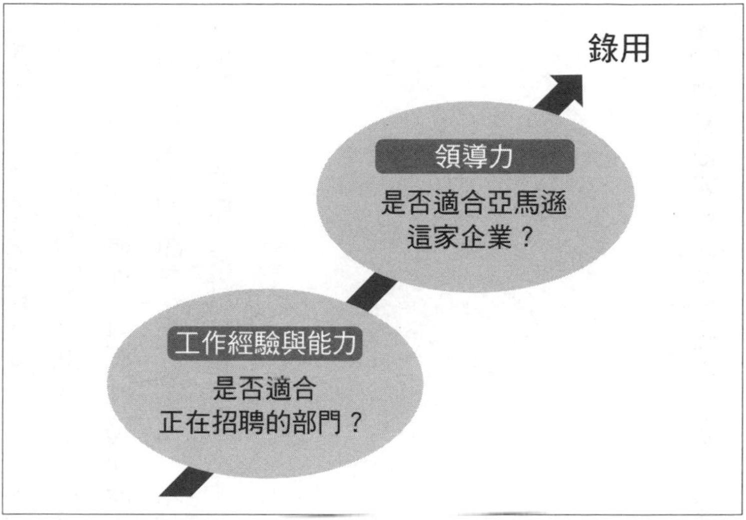

①檢視工作經驗與能力，判斷此人是否適合目前招聘的部門。

②檢視領導力，判斷此人是否適合亞馬遜。

「希望找到這樣的人！」明文描述人才樣貌

苦於找不到好人才的企業，建議先具體釐清前述兩點。在徵才說明內清楚寫明①的內容，然後在面試時確認是否滿足①和②兩點。

或許有人會擔心：「寫得這麼詳細，就不會有人來應徵我們公司了！」真的是這樣嗎？如果徵才說明寫得模稜兩可，求職者就算讀了這些資訊，也無法判斷這個職場是否適合自己，不是這樣嗎？

「希望充分發揮自己的經驗與能力」，人類都有這樣的期望。公司必須熱情的傳達這個訊息給求職者：「希望這種人才能來我們公司！」而非隨便誰都好。若能做到這點，相信好人才一定會出現。

A. 明文描述好人才的條件，灌注熱情、傳遞出去。

專欄一　你是亞馬遜認可的人才嗎？
你得會回答：「你如何度過自己的人生？」

要和亞馬遜主管面試時，第二關非常有亞馬遜獨特的風格。第二關面試會由其他部門的管理階層，最多五人擔任面試官，每人進行約四十分鐘至四十五分鐘的一對一面談。通常一天內無法面試完畢，需要花上兩到三天。第二關面試後，所有參與過的面試官會集合、舉行招聘會議。如果所有人都同意錄取，該名人才就會成為新進員工。面試官在面談時，看的是應徵者「是否具備我們的領導力準則（OLP，請參照第二一三頁至二一七頁）特質？」不看學歷或經驗，只問此人：「到目前為止，你如何度過自己的人生？」

亞馬遜面試的特徵之一，是第二關的面試官當中，一定會有一位「抬桿者」，顧名思義就是「將橫桿向上抬的人」。抬桿者會站在比其他面試官更高的層次，來檢視應徵者加入亞馬遜後，亞馬遜能否更成長？對於應徵者是否通過面試，抬桿者擁有比其他面試官更高的決定權限。（按：關於抬桿者的更多介紹，可詳見《Amazon 的人為什麼這麼厲害？》。）

第2章

工作遇上瓶頸，亞馬遜人怎麼克服？

——工作漫無目的、主管一直挑我毛病、缺乏靈感與創意……

用數字設定目標，創意藏在數字裡

之所以會覺得找不到工作的意義、不知道要做到什麼程度才算可以，或是出現「想不出新點子」、「公司內的溝通都是在互相挑剔」等問題，我認為原因都出在缺乏數字目標。

亞馬遜採用名為「度量」（metrics）的數字管理體系，來管理所有行動。度量也就是關鍵績效指標（Key Performance Indicator，簡稱ＫＰＩ）。從亞馬遜整體的大目標開始，一步步向下分解，最終細分到「本週、本日的這個時間，這個倉庫的這條生產線要達到的數字目標」，並確實依照數字管理。換句話說，在全世界各地，無論是哪一位亞馬遜人，都是用數字理解本週目標，也是用數字掌握上週目標的達成率。

用數字呈現，是亞馬遜強大的原動力。

首先「自己達成了什麼樣的目標，就會對公司有貢獻」這一點非常清楚。既不必煩惱不知道工作目標，也可以依此自行排定工作優先順序。大家都朝著設定好的目標前進，也會大幅減少未達成的狀況。

此外，必須達成的目標與目前狀況間的差距也十分清楚，因此可以執行PDCA循環（計畫〔Plan〕→執行〔Do〕→檢核〔Check〕→行動〔Act〕）。而必須弭平目標與現狀落差的責任感，便會催生出優質創意。

員工的溝通方式也會因此改變。大家會專注討論：「已經達成目標了嗎？做不到嗎？」、「要怎麼做才能達成目標？」模稜兩可的指示或人身攻擊，也會因此消失。

或許**有人會覺得數字太過於冷冰冰，但其實數字是最公平的**。

1 「做這件工作有意義嗎？」如果部屬經常這樣問你

我在之前的著作中一定會提到一點：無論是哪一種商業活動，都可以用「Y＝F（X）」這個方程式來表示。Y指的是最高層的關鍵目標指標（Key Goal Indicator，簡稱KGI）（例如銷售額），X指的是下層的關鍵績效指標（KPI）（例如左右銷售額的因素）。將文字代入方程式，便是「銷售額＝F（左右銷售額的因素）」。

X包括了客戶數、商品單價、採購成本、人事費用、設備費用及廣告費用等各種要因，這些全部都會影響到「Y＝銷售額」。

換句話說，公司為了達成年度銷售額目標Y，必須做到以下兩點：

把銷售目標拆分成，每個工作現場必須達成的數字目標（X）。所有的職位都必須達成自己的數字目標（X）。

這是一個很單純的流程。無論任何部門和職位，只要是隸屬於這間公司的所有員工，每個人的行動都是X，所有X加總起來就是Y，絕不會有人說：「這和我沒關係。」

大家能做到、還是極少人能做到？

看到這裡，通常會出現兩個聲音。

第一個聲音是：「如果訂出來的目標那麼容易達成，大家就不用這麼辛苦了。」這是指，要達成這個目標，只能仰賴奇蹟發生。換句話說，「A、B和C現場雖然無法達成目標，但只有D現場展現了超神奇的目標達成率，因此還是達到了最終的整體目標！」雖然不會經常發生這種有如神助的奇蹟，但還是有些公司會仰賴過去的神奇經驗，希望奇蹟再度出現。而被賦予期待的部門，久而久之也無法承受，人員只會疲於奔命。比起仰賴奇蹟發生，不如去拆解目標，讓所有人一起分攤，大家合力達成目標，這樣不是比較輕鬆、成功的可能性也比較高嗎？

不論哪個部門，KPI只限兩、三個

另一個聲音是：「只有業務跟行銷部門，才需要數字目標吧？人事、總務和會計部門等非生產性部門與後勤部門，應該無法設定數字目標？」這是重大的錯誤認知。在亞馬遜，連人事、總務和會計部門都會設定數字目標。

以人事部為例，「透過人事部積極的斡旋，緩和公司內部的人際關係，讓離職率較目前下降一〇%」、「關於人事相關的問題，所需回覆時間較目前縮短一天」、「人事部提供的研習，出席率比目前提高二〇%」，前述這些都是可以設定的數字目標。

我在亞馬遜時，曾向人事部提出要求，希望可以縮短員工耗費在健康檢查的時間。當時和公司簽約的健檢醫院很遠，員工為了健檢，往往要花上將近一天的時間，因此我要求：「在不降低健檢品質的前提下，能否找到近一點的醫院？不能在幾個小時內就完成健檢嗎？」人事部也真的實現了我的期望。當時員工人數有數千人，節省下來的工作時間相當可觀。人事部做了一件很成功的事。

但在建立數字目標時，也必須注意一點：「並非所有工作，都要用數字來表示。」

如第五十頁到五十一頁所述，亞馬遜有一套以數字管理所有行動的「度量」體系。度量就是關鍵績效指標（KPI），選出對達成目標有重要影響的指標，將這個指標化為數值以切實管理。我曾經長期服務的營運部門，將進貨數量與出貨數量作為重要指標。**無論是哪個部門，重要指標只限兩至三個**，且依照不同時期、年度或公司成長速度，注重的關鍵指標也會隨之改變。

首先為自己的部門、團隊設定數字目標

當所有工作現場必須達成的目標，都已化為數字之後，公司風氣會煥然

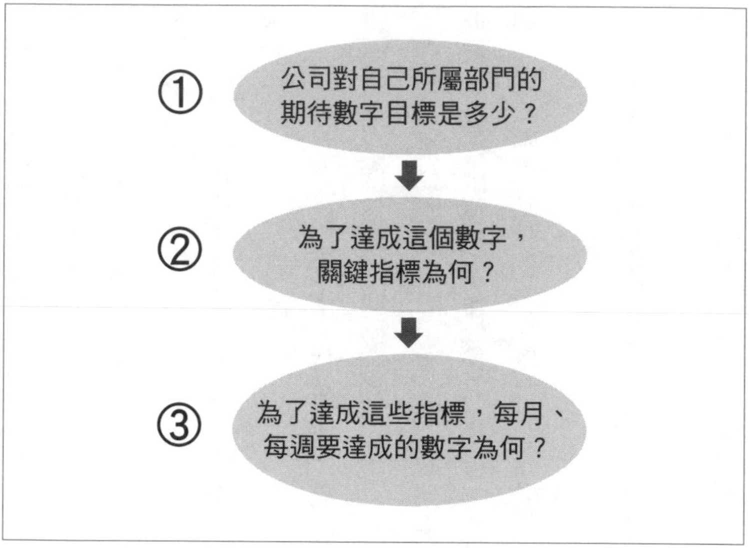
①
公司對自己所屬部門的
期待數字目標是多少？
②
為了達成這個數字，
關鍵指標為何？
③
為了達成這些指標，每月、
每週要達成的數字為何？

一新，以前那些不知為何而做的工作，也會大量減少。當應該前進的方向十分明確時，人們便不會再躊躇，會邁開腳步前進。此外也可以迅速判斷，自己手上的工作有沒有意義，或是現在的做法是否足夠有效率。也會大幅減少「做這種事真的是否有意義」的煩惱。

讀到這裡，心中豁然開朗的經營者或企業幹部，建議盡快著手將銷售目標細分下去，為每個現場部門設定數字目標。

也許有人會認為，自己只是中階幹部，無法設定數字目標，但絕非如此。自己所屬的企業必定有每年的銷售目標，可以試著以這個目標為基礎，定出自己的部門、團隊受到期待的功能及必須達成的數字。自己的團隊被期待要達成多少營業額？或是要削減多少成本？左右這些的關鍵指標為何？要達成這些目標，每月、每週需要達到什麼數字？先自行暫定，然後推展到部門或團隊，並告知同仁。

簡單明確、從小處著手的適切目標，會引導人行動。數字絕非枯燥無味的東西，而是會喚起人類潛能的工具。

A. 用數字訂定明確目標，並朝著要達成的目標邁進。

2 事情永遠做不完，有數字目標，才可能準時下班

這個問題和上一個問題有點類似，但因為有很多公司都有這樣的情形，因此我還是想談談這個題目。

在進入亞馬遜前，我服務於 SEGA Enterprises（當時的公司名），那是我大學畢業後的第一份工作。一九九四年剛進 SEGA 時，我負責管理遊戲機「SEGA Saturn」遊戲軟體的訂單與交期。全日本的訂單都由我一人處理，雖然有助理幫忙，但下單的負責人只有我一人。每個月有數百張甚至數千張訂單，全部都是我一個人要做完。

為此，我在工作上發揮大量巧思，例如只要做好訂單、用長尾夾夾好，放在公文架上，「請下單」的標誌就會自動立起來……諸如此類，我想了很

多方法，盡可能讓工作流程單純而有效率，但我每天還是非常忙碌。這樣的狀態，從主管眼中看來，會怎麼想？大概只會覺得「**這傢伙工作很忙**」！**既無法評估工作品質，若是延誤下單時，也無法判斷延誤了多久**、影響程度有多大。

只決定誰負責這工作，卻沒有訂出目標

為什麼會陷入這種狀況？主要是因為沒有數字目標。主管只決定某某人是這個工作的負責人，卻沒有思考：「某某人的目標是本週要完成到什麼程度。若需要更多的時間，就是工作量太大了，我們必須想出解決對策。」

當時的SEGA已經是日本相當先進的企業，但即使是SEGA這家公司，都缺乏對數字目標的理解，也無法正確運用數字目標。之後我有幸能夠與亞馬遜做對比，才注意到原來以前的主管，沒有賦予我工作目標。然而，應該有不少人就像以前的我一樣，只被指派為負責人，然後就是自己要一直做到底。

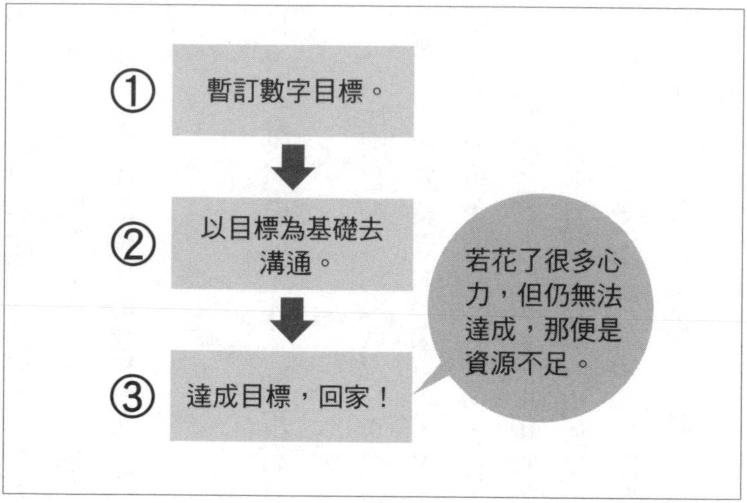

若您是中階幹部，為了突破這個狀況，我認為還是只能從「將目標化為數字」來著手。

以公司整體的目標為基礎，暫訂自己的部門和團隊所被期待的數字目標。

以這個目標為基礎，向主管及相關部門溝通：「若能達成這個目標，希望能認同我們的努力，讓工作告一段落。」

確實達成目標，下班回家。若耗費許多心力卻依然無法達成目標，便向主管報告資源不足，以及還需要多少資源才能解決問題。

執行以上這些步驟，也是在保護自己以及所屬的部屬。

在過去，加班加到深夜，或是假日也出勤的人會得到讚賞，但這樣的時代已經差不多結束了。公司若不改變，便會走向覆滅。試著鼓起勇氣、不隨波逐流，而是展現出「言出必行」的態度，這樣不也很好嗎？

A.

「達成這個目標就下班」，用數字訂定目標，保護自己及夥伴。

3 大家都在談PDCA，只有亞馬遜落實執行

「同事總是犯相同的錯誤，即使已經嚴格指導了好多次，卻依然沒有改善。」我經常收到這樣的諮詢，這時我都會反問對方：「你們有沒有設定數字目標？」

在職場上工作的人都知道，落實PDCA（Plan-Do-Check-Act）循環的重要。亞馬遜也是透過徹底落實PDCA循環，來不斷改善現場。經常有人問我，亞馬遜有什麼厲害的機制嗎？我總是回答：「亞馬遜沒有什麼特別的機制，就只是一家按部就班、貫徹執行的公司而已。」對方聽到這個回答，大都感到很失望，但事實如此，我也只能這樣回答。

但說起來，亞馬遜也有了不起的地方，那便是比起其他企業，亞馬遜貫

徹執行的信念相當堅定。無論是哪個現場，都確切落實PDCA循環。至於為何能做到這點，是因為透過度量＝KPI，每個現場都有明確的數字目標，且經常被要求達成更高的數字目標。

所有工作現場都設定數字目標了嗎？先從這一點著手

零售部門、客服部門、營運部門、公關、人事、法務部門等，所有部門都以數字呈現目標。必須達成的門檻很明確，所以現況與目標間的差距也一目瞭然，大家會思考該如何弭平這個差距。

舉一個簡單的例子。某倉庫去年同月的目標出貨量是一百萬件，今年同月的目標出貨量提高到一百一十萬件。中間增加的十萬件，若還是依去年的作業方式，是無法達成的。但如果想些方法，應該就可以辦到，這就是改善的來源。下一個階段的**目標，讓人覺得只要稍微努力一點，應該可以達成**。這是非常重要的。

換句話說，重點如下。

①首先，每個現場都要訂出數字目標（P）。
②採取行動，認清數字目標與現狀之間的落差（D、C）。
③思考改善方法、弭平目標與現狀的差距，並確實執行（A）。

大概又會有人說：「這都是理所當然的，就不用多說了。」但重點是要貫徹執行。當我接觸到許多企業的實際情況後，發現大多數的企業都做不到「清楚告知所有現場，他們該負責的數字目標」。若只有幹部等一小部分人知道數字目標，而其他現場的同仁並不清楚，這是非常可惜的。

此外，我認為許多企業也沒有「思考改善方法、弭平目標與現狀的落差」的習慣。通常都是認知到目標與現狀的落差後就結束，而沒有思考下一步該怎麼做？在亞馬遜，所謂檢討（Review）的回顧過程非常重要，這也是PDCA的一環。每個現場的數字目標，基本上都是以週為單位，每週工作結束之後會再檢討，徹底思考為了要進入下一步驟，該如何改善。這便是

A. 所有的現場都設定數字目標，並定期安排會議以思考改善對策。

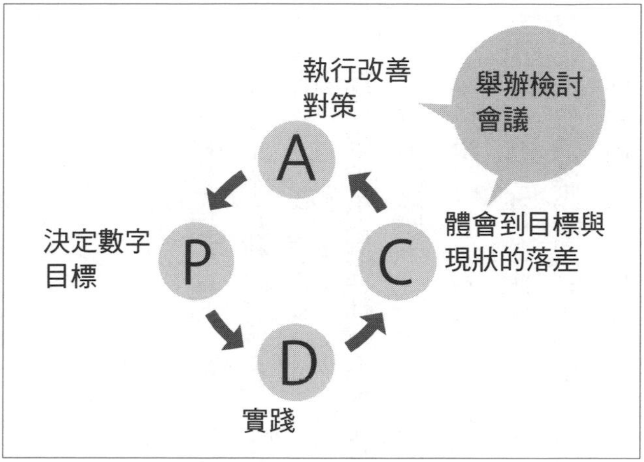

PDCA循環的A部分。順帶一提，每年聖誕季是亞馬遜最忙碌的季節，因此過完新年後，馬上會進行「迎接下一個聖誕季的檢討會議」，思考改善對策，迎戰十一個月後的聖誕季（請參照第一九二頁）。

訂定數字目標，思考改善對策，只要養成習慣後，必然可以預防同樣的失敗，提升工作表現。

4 與其罵部屬：「為什麼做不到？」主管更該自忖有沒有給出數字目標

主管只會指責部屬、鮮少稱讚，而部屬覺得主管只會指責我為什麼做不到，卻從來不教我該怎麼做——這些也是職場上經常出現的困擾，可以統稱為「挑毛病文化」。

為什麼會出現這種挑毛病文化（挑剔人、被挑剔）？我認為，是因為「沒有設定數字目標」、「即使只是假設的目標，但主管並沒有和部屬共享」。

舉例來說，主管突然指責某同仁：「動作怎麼這麼慢！」若是這位主管交辦工作時，清楚說明：「今天**下午三點前**，把企劃書寫好讓我看一下。我會花**十分鐘**確認內容，如果需要修改，請在**一個小時**內修改完成，我希望在**下午四點前**，可以**列印五份**完成的企劃書。」如果主管這樣交代，但到了三點還沒看到企劃書時，那麼指責同仁動作太慢，當然可以理解。但如果主管一開始只說：「今天之內把企劃書寫好，拿給我看。」那麼部屬被罵動作太慢時，自然也會心想：「不是都說了是今天之內嗎……？」必須用具體的數字來溝通、共享目標（希望達成的程度）和截止期限，這一點非常重要。

主管的功能不是指責員工：「這樣不行！」

前述的例子雖然簡單易懂，然而有許多職場都是雖然主管知道目標，但部屬不知道。**只有主管掌握了數字目標，所以會著急；部屬因為不知道數字目標，還是照自己的步調工作**，長久以來可能主管就會更焦慮。會出現這種情況，可能是主管心中默默認為，獲得資訊是某些職位的權限。「這是只有經理才能知道的資訊」或者「這是只有課長才能知道的資訊」，在這些主管心中，可能隱藏著這樣的想法。

亞馬遜裡不會有這種想法。因為亞馬遜認為：「資訊不分職位高低。」除非是會影響公司股價之類的重大訊息；只要是執行業務時所需的資訊，都

① 與同仁共享目標與截止期限等數字。

② 資訊不分職位階級高低。

③ 一起思考對策，縮小目標與現狀的落差。

會透過郵寄清單，分享給相關同仁。

亞馬遜執行長傑夫・貝佐斯常說：「在亞馬遜，問**『為何要做這件事？』，與『為何不做這件事？』這兩個問題同樣重要。**」要消除挑毛病文化，這是一個很重要的思維。在亞馬遜，不會沒理由就亂挑毛病。以邏輯說明、讓部屬接受為何要做這件事或為何不做這件事，這屬於主管的責任。

在亞馬遜，主管只看目標與現狀有多少差距，絕不對部屬的能力與人格挑毛病。話說回來，部屬之所以無法達成目標，是負責管理的主管應該想辦法。上司的功能是全力支援部屬，而不是判斷、指責對方應該想辦法。

在所有的現場制定衡量工作達成度的尺規（數字目標），並與全部同仁共享，如此便可以解決職場上，與褒貶相關的人際溝通和人身攻擊等問題。主管與部屬之間，工作的生產力也會大幅提升。

A. 設定共通的尺規（數字目標），並與全部同仁共享。

5 創意不是不加限制的想法，得跟數字掛勾

想不出新點子，或雖有獨特創意、但沒有機會嘗試等，是很多人的工作瓶頸，本篇會將「想不出新點子」與「沒有機會嘗試新想法」兩點分開討論。

創意來自目標與現狀的落差

首先，是「想不出新點子」的問題。解決方法之一，就是讓所有現場的人知道數字目標。

本章中已多次談到，唯有**所有現場都設定數字目標**，並將目標與全員共享，**認知目標與現狀的落差**，讓差距看得見之後，方能開始思考該怎麼做，

才能弭平這個落差。

在沒有任何限制的環境下，是很難有新創意的。反過來說，若清楚呈現落差，並要求員工一起思考該怎麼辦，那麼所有人便會開始認真思索，從而孕育出優秀的想法。不交由特定人士去激發創意，而是應該要創造可以孕育創意的環境。

但這有一個大前提，那便是孕育創意的理由，必須有正確的理念在背後支持。如果縮小目標與現狀的落差，是為了中飽老闆個人的私囊，那麼員工怎麼會有好的創意產生？後面的章節（請參照第三章與第五章）也會再度介紹，亞馬遜的理念一言以蔽之，便是提升顧客滿意度。縮小目標與現狀的差距時，一定是站在是否可以提升顧客滿意度的角度，並時常謹記在心。

舉例來說，有一個好點子與降低出貨成本相關，但這個做法會讓商品送達客戶手中的時間比現在更慢，那麼亞馬遜絕對不會採用這個點子。著眼於縮小目標與現狀的落差，同時心中常想著「怎麼做可以讓顧客更高興」，這就是為什麼亞馬遜每個現場，都能經常有好的創意。

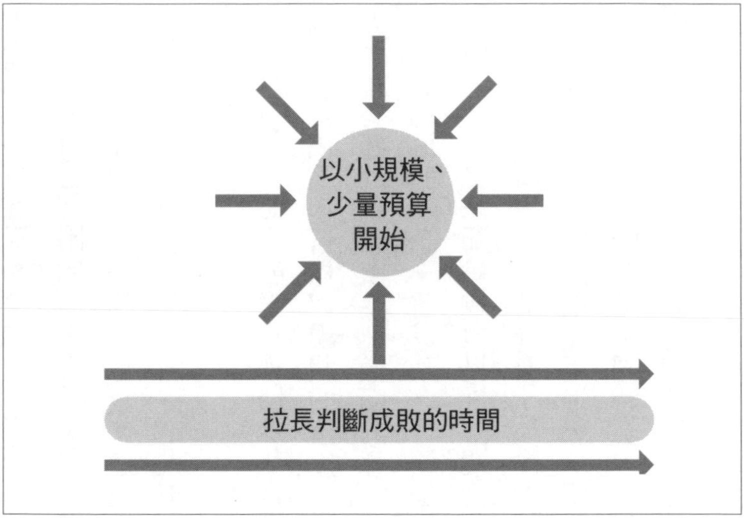

用七年時間衡量成敗

接下來看看「沒有機會嘗試新想法」的問題。亞馬遜經營團隊中，有所謂的七年規則。這是指開始一個新的事業時，基本上會給七年的時間嘗試錯誤。亞馬遜是出了名以長期觀點來思考的公司。雖然這個原則並不適用於一切，但這是亞馬遜內的基本原則。

這麼做的最大目的，是為了不要剝奪員工挑戰、孕育新創意的空間。因為亞馬遜知道，若一試不成就馬上撤退，那麼便難以孕育、培養出人意表的新創意。

像亞馬遜這樣，以七年為時間單位來衡量成敗，對很多公司來說，畢竟難以做到。但若改為開始一項新計畫時，先從小規模、少量預算開始著手，並將判斷成敗的時間拉得比目前為止還長，給員工孕育新創意的空間，這樣一來，不管是哪個職場，應該都做得到。

A. 在正確理念支持下，努力縮小目標與現狀的落差，會孕育出新創意。

6 主管最重要的工作：頻繁的確認進度

「達不到目標，這也是沒辦法的事」，當公司內瀰漫著這種想法，首先必須著手檢視以下幾點。

①「是否所有工作現場都設定了數字目標，並且與全員共享？」

這一點也是本章重複強調的重點。有些職場會將負起責任、做完自己的工作視為目標，但是諸如「負起責任做完」、「盡全力做完」等曖昧不清的說法，都不能算是具體目標。

②「設定的**數字目標，是可實現的（achievable）嗎？**」

去年同月分拚死拚活才達成的業績數字，在同樣人數、同樣營業方式之下，卻訂出「本月分目標是提升五〇％的業績」，現場極有可能會出現反彈。「不可能啦！」、「開什麼玩笑！」這些同仁的心聲，便是導致他們認為達不到目標也無妨的重要因素。與其讓員工覺得提升五〇％是不可能的，不如將目標改為一〇％，讓員工們**覺得稍微努力一點、或許做得到**。那麼員工也會更加投入，每個月持續努力，最終便會有好的成果。

再來要看的是：

③「是否會在較短的期間內，確認目標與現狀的落差？」

這一點也很重要。這是個強大訊號，足以對員工傳達決心：「一定要達成這個目標！」

職場上經常出現的狀況是，在告訴部屬本月目標是多少之後，主管隔了一個月才確認結果。這時候也只能罵部屬：「為什麼沒有達到！」但沒有達成目標卻已成了事實，已經無法改變。

若是希望員工非達到目標不可，主管就應該頻繁的確認進度。亞馬遜基本上會**以週為單位管理目標**。在各個現場，例如倉庫，則是以更短的週期來追蹤，像是進出貨目標與現況的差距，是以小時為單位管理。每個工作現場適合的時間間隔不同，但主管確認部屬進度的頻繁程度，傳遞了達成目標有多麼重要。

頻繁確認的同時，主管應該要注意幾個重點。第一，是只要**確認目標與現狀的落差**即可。「目前的達成率是八〇％嗎？」上司只要確認數字正確就好，因為部屬也清楚這個事實，上司不需要特地去問：「不是還有二〇％沒做到嗎？」另一個要注意的重點是，要不斷讓部屬知道：「為了達成目標，若**有什麼需要支援的，儘管開口**。」如果部屬提出需求，便務必去對應。透過這樣的做法，可以增強主管與部屬間的互信感。

最後，公司全體員工都必須確認的是，

④「如果以維持現狀的精神，公司真的能夠維持目前的狀態嗎？」

美國的新創公司幾乎是不眠不休的工作，亞洲企業也正在崛起，在這樣的環境中，企業如果要維持目前的狀態，就要發揮相當多的創意，這是我的

①　是否與全員共享數字目標？

②　目標是不是可實現的？

③　是否在短時間內確認目標與現狀的落差？

④　持續目前的狀態，公司真的還能維持現狀嗎？

切身感受。

老店號稱的「傳統風味」，其實也會根據客戶的喜好不斷調整。為**了維持現在的狀態，其實需要打起精神、努力去變化**，否則便會被時代淘汰。與大家共享目標、務必達成——從這一點著手並持續努力，公司風氣必定會煥然一新。首先不妨從自己的影響力所及、權限許可範圍內開始嘗試，如何？

A.

先設定可實現的目標，再頻繁確認進度，表達認真看待的程度。

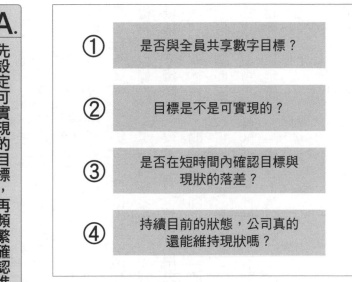

專欄二　亞馬遜人如何設定目標？

在此以我長年工作的「日本亞馬遜營運部門」的度量（KPI）為例，為各位說明。下一期的度量，會由美國與日本營運部門的財務團隊商討後決定，管理階層也會參與度量制定。

日本這邊必須將數字目標告訴美國營運部門、獲得對方的同意。但即使提出的目標再高，美國通常不會第一次就說沒問題，一定會反問：「**沒有更低廉的方法嗎？**」或是「**有沒有可以用更少預算達成的方法？**」

例如，當日本的營運部門提案：「要在倉庫導入新生產設備，預計投入兩億日圓的設備投資。」美國會回覆：「不行不行，要控制在一億日圓以內。」通常大概會是這樣的情況。此時日方就要重新思考各種方法，像是「能否把設備投資金額降到一億五千萬日圓？」或是「雖然要花兩億日圓，但是否能從他處回收？」與美國那邊經過數次溝通後，下一期計畫最終才能得到總部同意。這樣的交涉通常要花上數個月的時間。（按：關於亞馬遜的度量制定，請詳見《Amazon 的人為什麼這麼厲害？》。）

第3章

這家公司所以強大的祕密——貝佐斯手繪的一張餐巾紙

——開會沒意義、主管彼此的方針不同、公司沒有理念和願景、壓榨供應商……

把公司願景畫出來、寫下來、說出來

「花了大半天開會，卻還是沒有達成共識，事情沒有進展」、「不同的主管說的內容都不一樣」、「很多員工對公司沒有認同感，只顧著表現自己」或是「覺得讓交易廠商吃虧，就是讓公司占便宜」，這些問題，我認為都是因為理念與目的不明確，或是沒有與員工共享理念目的所造成的。

亞馬遜自創立以來，便信守公司的全球使命（Global Mission）。這個理念類似於公司的社訓，其中提到了兩個詞語，一個是顧客體驗（Customer Experience），意思就是不單是讓顧客覺得撿到便宜，而是創造開心、快樂的消費體驗。另一個詞是選擇（Selection），指的是豐富的品項（包含出貨及付款方式的選擇）。亞馬遜員工的工作，是為了讓亞馬遜成為地球上最看重顧客的公司，並且提供全球最豐富的品項選擇。

除此之外，亞馬遜還有一個明確的商業模式，那便是良性循環（Virtuous Cycle），詳細內容會在第二一八頁至二一九頁為各位介紹。那是某次貝佐斯與投資人餐敘，被問到亞馬遜的商業模式時，貝佐斯在一張餐巾紙上所畫下的圖。圖上描繪了全球使命等亞馬遜商業模式的框架。

亞馬遜強大的祕密，在於將以下兩點「我們的**目標為何**」與「為了達成這個目的，我們應該用**什麼樣的行動準則來工作**」，**用每個人都能理解的語言明確表達**。因為全體員工朝向同一個方向前進，便能創造出一個不被無意義的瑣事牽絆、不會出現無理要求的環境。

1 有三種會不開，要開會得符合三條件

無意義的會議所造成的損失，很簡單便能計算出來。把與會者的年收入換算成時薪、再加總即可。以年薪五百萬日圓的員工為例，用時薪來概算，假設每年上班兩百五十天，每天的工作時間是八小時，那麼這個人的時薪為兩千五百日圓。假設十個人花三小時開會，但沒有達成任何結論就散會，那麼就白白損失七萬五千日圓。若經常舉辦這種會議，公司當然創造不出收益。

在亞馬遜，絕對不會召開這種沒有意義的會議，因為這種會議對顧客沒有任何好處。

美國亞馬遜總部在成立初期，每當開會時必定會空下一個座位，為什麼？這是為了邀請虛擬顧客（Air Customer）出席會議。之所以特地設立這個機制，

是為了讓大家意識到：「我們現在開會討論的內容，顧客會開心的為此付錢買單嗎？」若在虛擬顧客面前開會時，**只是單純報告數字**，顧客可能會覺得：「這種內容，用電子郵件通知不就好了嗎？這種會議產生的人事成本，如果轉嫁到商品和服務的價格上，我才不願意為此買單！」其他像是為了**協調部門間利益衝突的會議**；或是與會者沒有決策權，最後結論是「**回去再討論**」**的會議**也是一樣。

如今顧客至上的理念深植在企業文化中，亞馬遜美國總部開會時，已不再準備虛擬顧客的座位。然而，如果能多思考一下：「顧客如果看到我的工作態度會怎麼想？會很開心的為此買單嗎？」用這個角度持續檢視自己的工作內容，我認為是很有意義的。

想像一下：「與會者開完會之後，應該要有什麼樣的改變？」

實際上，到底該如何減少無意義的會議？我認為以下三點很重要。

①明確訂出會議的目的。

②釐清會議召開者和與會者的角色。

③創造能夠讓會議準時結束的環境。

首先是①「明確訂出會議的目的」。在亞馬遜，開會時要經常想像：「與會者開完會後，應該處於什麼樣的狀態？」例如，開會是為了決定某個專案的重要事項，那麼開會目的便是會議結束後，基於會議上的結論，所有與會者回到各自部門之後，要開始採取後續行動。

順帶一提，會議依性質可分為四大類：分享資訊的會議、討論對策的會議、激盪創意的會議、決定某件事的會議。其中，亞馬遜基本上不會召開分享資訊的會議，因為只要活用郵件清單，就可分享了，不必專程把大家集合在一起開會。

關於②「釐清會議召開者和與會者的角色」。在亞馬遜，這類會議通常由專案主持人召開，參加會議的人都很清楚召開會議的目的，以及**會後要如何做**，才能將專案推進到下一階段。

召開會議的人，事前會透過電子郵件，邀請希望列席的相關人員。例如開會的目的是希望決定某件重要事項，召開人只會邀請必須出席的成員，也就是對這件事有決定權的人來出席。受邀開會的人，如果認為自己無法對會議做出貢獻，便會回覆不克出席、並說明理由。

若是原本應該要出席，但因為有其他要務無法參加時，受邀者會**把權限委託（Delegation）給代理出席者**。當開會的目的是為了達成某個決定時，無法出席的人一定會透過「我已經把決定權委託給某某人」的流程來委託。企業有時會出現以下這種情況：「抱歉，由於我沒有決定權，所以會**再回去和上司討論**。」但是在亞馬遜，**絕對不會出現這種情況**。

絕大多數的會議，**無論討論內容為何，必須出席的成員大概都只有五至六位**。事實上，亞馬遜大多數會議的參加人數，也都只有這樣而已。

關於③「創造能夠讓會議準時結束的環境」。會議召開者事前會透過公司內部系統，告知「本次開會目的及目標」，司儀（通常是召開者）在會議一開始，也會再度告知本次開會的目標為何；有時也會把目的寫在白板上，讓大家知道。

A. 讓「虛擬顧客」列席，召開一個會讓虛擬顧客願意花錢買單的會議。

虛擬顧客願意為這場會議的內容花錢買單嗎？

在亞馬遜，開會並非重點，達成目的才是重點，這個想法已滲透到每位員工心中。若能在短時間內結束會議，大家都會很開心。實際上，公司內也經常有原定一小時的會議，在三十分鐘內便達到目的的情況，此時大家就會當場結束。

開會是必須的，然而大多數的會議都沒有意義。若能善加改善這個許多企業長年困擾的問題，便可望帶來巨大的效果。

2 主管是為了幫助部屬「勉強才成功」而存在

「每個主管說的、做的都不一樣」，應該有不少職場都有這種煩惱。當然，每個人使用的詞語不同，過去累積的經驗也不可能一模一樣。然而，如果前任上司要求：「每天從早拚到晚，務必從競爭對手手上搶下市占率！」而新任上司要求：「大家適度努力的同時，也要注重個人時間。」面對兩種截然不同的做法，部屬應該也會十分困惑。

這當中或許有些新主管，是為了強調自己的管理風格，因而否定前任主管的做法。但是這麼做，真的有意義嗎？

之所以會發生這個問題，是因為沒有明確的定義出：「主管應該扮演的角色究竟為何？」

我在亞馬遜工作時，清楚感受到主管的角色非常明確。**主管是為了幫助部屬成功而存在的**。根據部屬的經驗、專案的進度、問題的內容等，主管該協助的事項和方法都不同，但不論是哪一種，主角都是部屬，管理者本身的價值觀和成功經驗並不是主角。在這樣的職場環境中，就不容易發生以下問題：「前任主管和現任主管講的話完全不一樣，但又非得遵從不可。」

我在接受管理全日本倉庫的工作之前，當時的主管就曾問我：「**管理經理人的資深經理，該做些什麼事？**」看著被問倒的我，主管說：「就是設定管理指標。」舉一個簡單的例子說明，假設公司整體的目標是一大塊肉，要怎麼把這塊肉切成每個現場都方便入口的大小？這就是亞馬遜資深經理層級該發揮的功能。

第一章曾提到「工作說明書」，這份說明書不只明確記載每個職位的工作內容，也說明了實際執行業務時，該採取什麼樣的立場、該重視什麼事情。因此即使主管換人，工作環境還是能維持亞馬遜本身的風格。

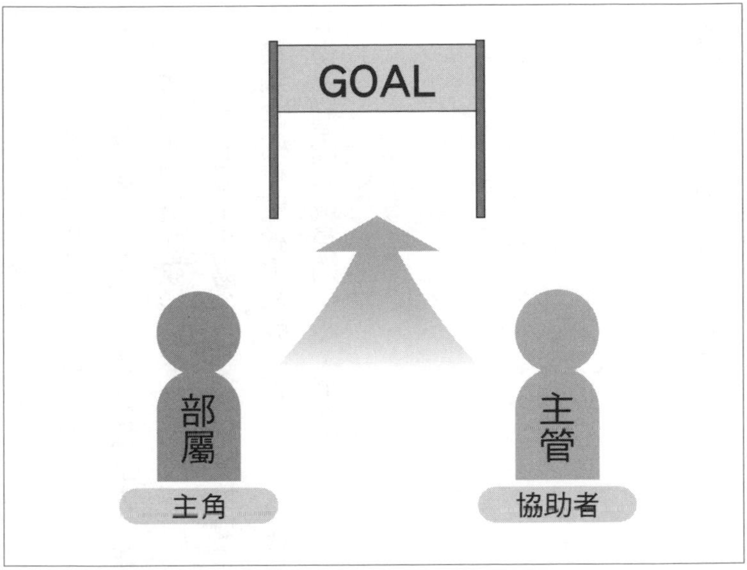

成果超出預期，根本不該開心

設定管理指標時，還必須注意一件事。

有些企業經常會為了例如「成果超出預期目標二〇％」而感到歡欣鼓舞；然而亞馬遜並非如此。在亞馬遜，訂定管理指標時所要求的是：「設定相當具挑戰性、但可以實現的目標，並且百分之百達到。」若結果是「目標達成！而且超出目標二〇％」，這在亞馬遜，會被認為是制定預算時標準太低，隔年反而會被要求制定更嚴謹的預算計畫。

設定管理目標的人，就如同制定出完善練習計畫的知名教練。他們思考的是，在選手（員工）必須**用盡全力、手才能勉強伸到的位置**插上錦旗，並協助選手拔到這面旗幟。

管理者必須思考像是當市場環境變化時，該如何挪動錦旗的位置，然後在最適當的位置插上旗幟。百分之百達成目標是最基本的。如果做不到這點，就得不到團隊成員的信賴、追隨。

A. 主管是為了幫助部屬勉強成功而存在的。

3 你工作的部門，有自己的專屬信條嗎？

「員工不清楚公司的理念和經營策略，對公司沒有認同感」、「看不到公司願景，前途忐忑不安」、「標榜顧客第一，其實只是什麼都得做而已」等，有許多職場應該都面臨員工對公司理念、策略、願景感到不滿的情況。

公司理念、策略、願景，是由經營團隊制定的，現場員工無法輕易改變。然而，即使如此，還是有個人可以做到的事。

第一，是重新確認公司創立時的理念與契機。所有企業都有起點：「為什麼想創立這家公司？」、「是什麼讓這家公司獲得支持，步上軌道？」、「持續到目前為止的重要價值觀為何？」、「今後要延續下去的是什麼？相反的，有什麼是必須改變的？」

只要向創始成員詢問這些事，或是閱讀相關資料，應該都可以獲知。企業的理念與願景如果得不到顧客支持，就無法經營下去。「公司應該具有（或曾有）某種傑出的理念或願景」，員工可以試著用上述這個角度來探索，真的找不到的時候，再來抱怨也不遲。

制定部門及團隊各自專屬的信條

員工還可以做的，便是自行制定部門和團隊的信條。

亞馬遜內部有所謂的「信條」（Tenets）。相較於西雅圖總部經營團隊制定的領導力準則，信條則是各部門自行討論、製作的內容。

美國亞馬遜的客服部門曾訂出「顧客聯繫信條」。有一次貝佐斯在某份資料上讀到這個信條時十分喜歡，因此要求公司所有部門都要製作。最終雖然不到所有部門都製作的程度，但在亞馬遜人之間掀起了一股風潮，那就是：「在開啟某個專案前，先製作信條。」

客服部門用以下五條，明文記錄他們工作時應遵守的信條：

A. 從創業的故事中尋找公司理念和願景。如果找不到，就自己制定信條。

① 重新確認公司創立時的理念與契機。

② 自行制定部門及團隊的信條。

- 有問必答（Answer the Question Asked.）。
- 減少顧客花的工夫（Reduce Customer Effort.）。
- 把所有顧客當成朋友，用適當的態度應對（Treat Every Customer as a Friend, Have the Right Attitude.）。
- 認真看待顧客意見，慎重處理根本性問題（Escalate Systemic Problems.）。
- 解決問題（Solve the Problem.）。

大家不妨試著製作屬於自己的信條。若是有專屬於自己部門、團隊的信條，相信應該就不會有員工抱怨了。

4 不需要為了自己的成功，而掠奪對方

亞馬遜的執行長傑夫．貝佐斯，經常在各種場合提到：「不需要為了自己的成功，而讓別人失敗。」、「在一個業界裡，沒有必要為了自己公司的成就，打垮其他公司。」這裡所謂的別人，包括交易廠商、供應商（外部業者）、員工等，泛指所有與亞馬遜相關的人。「為了自己的成功使他人蒙受損害是錯誤的」，在亞馬遜，這個觀念已經滲透到員工心中。

二〇〇〇年，亞馬遜剛進入日本時被稱作「黑船」，應該有很多人先入為主的認為，亞馬遜是強大的破壞者。即使現在這個形象已經大幅改善，還是有不少人認為：「亞馬遜是靠壓榨別人來獨占自己的利益。」這其實是非常大的誤解。

那麼，亞馬遜對於交易廠商、供應商（外部業者）、員工等，是很「溫柔」的嗎？答案是ＮＯ。亞馬遜是一間非常嚴格的公司，因為總是採取這樣的角度來要求：「和我們一同為顧客提供最棒的產品。」詳細內容會在第五章介紹；顧客對亞馬遜而言，就如同北極星一般，是絕對的指標，因此會將所有相關者視為夥伴，要求大家一起提供優質服務給顧客。

因此亞馬遜絕不會直接把解決方案丟給對方，一味要求對方達成。

嚴格要求對方成為提供價值給顧客的「夥伴」

假設亞馬遜要求某物流業者再調降費用，而業者回答已經無法再降，亞馬遜一定會提案：「我們一起來想想看，該怎麼做才能讓成本更低。」例如，看看是不是有辦法能運用科技，減輕送貨員的負擔？這時會向業者提議：「我們會承擔一部分原本由物流方負擔的工作，是否可以削減這部分的成本，幫我們降價？」其實在過去，將物品依照不同送貨地區分類的工作，是由物流業者自行用人工作業處理的。但為了降低物流成本，將利益回饋給客戶，亞

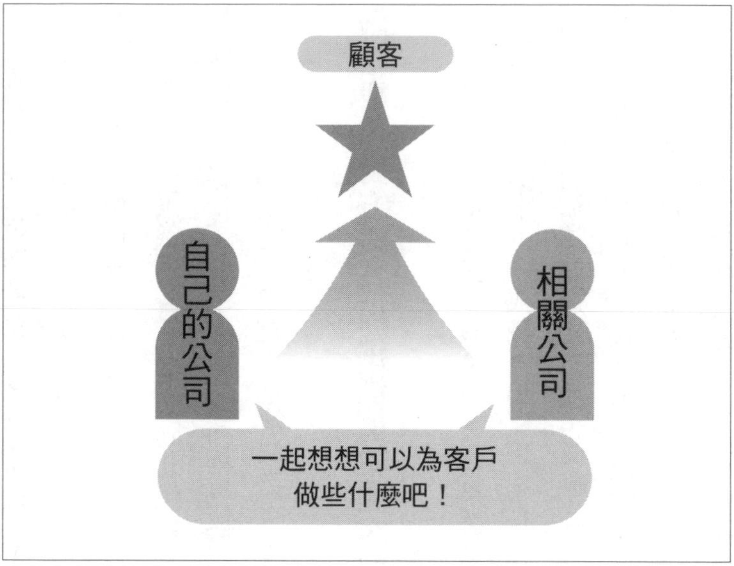

馬遜便自行投資、購置設備，將商品先依照物流業者以及送貨地區來分類。

在挑選廠商及供應商（外部業者）時，亞馬遜的態度也同樣嚴謹。萬一倉庫發生重大事故，便會嚴重影響期待商品送達的客戶。

此外，亞馬遜將所有員工以及周邊的合作廠商都視為顧客，因此絕不允許（亞馬遜和周邊廠商）倉庫的員工在無法安心、無法保證安全的環境下工作。如果廠商無法認同這個理念，覺得：「亞馬遜雖然一再要求，但做這些安全措施可是要花錢的，不做也沒關係啦。」亞馬遜是無法與這種廠商共事的。

如果覺得都是別人吃虧、自己占便宜，要不要試著盡可能把利益回饋給客戶？不是從別人身上掠奪，而是與他人共同攜手，一同打造優良團隊、為客戶提供最優質的體驗。如果做不到這一點，即使暫時可以成功，也必定無法長久持續，而且一定會被反噬。「和競爭對手合作？和供應商變成夥伴？這簡直是痴人說夢！」您是這麼想的嗎？但亞馬遜之所以能成長至今，就是因為從創立以來，一直切實的持續堅持這種痴人說夢的做法。

A. 成功不是從別人身上掠奪，而是與他人共同攜手，一同打造優良團隊、為客戶提供最優質的體驗。

專欄三　一頁報告、六頁報告與沒有異議的會議

亞馬遜禁止員工用PPT製作會議簡報。資料必須以文章形式呈現。但並非寫冗長的文章，而是選擇用一頁A4紙或六頁A4紙的形式製作報告。商務文件幾乎都是一頁報告，而年度預算或專案計畫則是六頁報告（圖表另附，不計入頁數）。

除此之外，在亞馬遜，**會議開始的頭幾分鐘，全部人都會沉默不語的閱讀一頁或六頁報告**。看大家閱讀得差不多了，製作資料的人便會詢問出席者：「請問大家讀完了嗎？」確定大家都已經讀完，便會開始討論。

會議討論大都集中在會議資料的相關問答。「請問第一頁有問題嗎？」「沒有。」「請問第二頁有問題嗎？」「沒有。」如果一直到最後，與會者都沒有疑問，這個會議就是最理想的會議。此時與會者也會稱讚「做得好」，並給予掌聲，意指這是一份無須質疑、內容非常精實的完美文件。（按：關於亞馬遜的會議與報告，詳見《Amazon 的人為什麼這麼厲害？》。）

第4章

教育訓練這樣做，你帶的人能和亞馬遜人一樣厲害

——不會教新人、教育訓練效果很差、同事也不想參加……

教育訓練要學到什麼？如何落實到實務上？

「不會教新進員工」、「員工教育訓練的成效不佳」、「員工不想上教育訓練」等，若公司出現這些問題，不妨試著重新檢視教育訓練制度。

亞馬遜這家公司，會投入大量精力在員工教育訓練上。相較於其他企業，亞馬遜在舉辦教育訓練時，特別重視兩點。

首先，「希望透過教育訓練達成的目標十分明確」。第一章談到工作說明書、責任範圍以及職務權限。舉辦教育訓練的大前提，是前述這幾項已有明文制定。因為若不是如此，公司便無法說明：為何某個職位必須具備特定技能，但因現在該員工經驗還不足，所以舉辦教育訓練加強員工技能。

其次，「注重教育訓練的成果，是否落實到日常工作中」。亞馬遜有個體制，是為參加過幹部教育訓練的員工，提供專業職涯顧問。我也曾經接受過顧問的協助，透過專業顧問提供回饋意見，得以將教育訓練所學的內容與實務結合運用。包括在西雅圖舉辦的幹部教育訓練的交通費、住宿費、研習費，以及專業顧問的費用等，光在我一個人身上，公司就投入了巨大成本。教育訓練如果只是「參加就好」，是沒有意義的；結束之後能運用所學內容，才能讓費用發揮效果。

我接觸過的一些企業，它們舉辦的員工教育訓練，用一句比較強烈的話來說——許多課程都是在應付場面。這些課程大都是在**上完課的當下，讓參加者填寫問卷、調查滿意度。說實話，這麼做的意義不大**。「學到什麼，如何落實到實務上」，這才是員工教育訓練的唯一目的。如果不實際檢視教育訓練結束後的效果，便無法判斷這些課程是否真正優質。

1 教的人不會教，學的人學不會，怎麼辦？

「主管什麼都不教，只讓我在旁邊看著他做、自己學」、「不同主管的教法不同，教的重點也不一樣」，許多職場應該都有這些煩惱。

本章開頭（第一〇〇頁到一〇一頁）也提到，亞馬遜會花費許多精力在員工教育訓練上。以下兩個重點，是主管在重新檢視自己教育部屬的過程時，必須重視的：

①希望透過教育訓練達成的目標十分明確。
②注重教育訓練的成果，是否落實到日常的工作中。

如果希望部屬具備基本技能，必須「指導之後天天確認」

首先，思考「針對這個職務，部屬目前還缺乏的經驗或能力是什麼？」我認為這是所有指導部屬的管理者，都應該共享的資訊。若大家對於這個基本資訊的理解不一致，每個主管說的話都不同，部屬自然無所適從。

此時必須避免的，是**不要使用定義模糊的副詞**。像是「徹底做好」、「帶著誠意行動」等，要避免這些會因不同人而有不同理解的表現方式，改用數字等具體內容指導。舉一個簡單的例子，比起「送客戶離開時要微笑」，不如改說「用嘴角大約上揚一公分的笑容，送客戶離開」，部屬會更知道該如何具體行動。

此外，主管不應只是教導，也必須確認所教的內容，部屬是否都有做到。同樣的，在這一點上，如果每個主管的衡量標準都不同，部屬也會感到混亂。什麼樣的行為才代表做到了所教的內容，關於這一點，每個主管應該要分享資訊，進行評估。俗話常說：「人只要經過三天，學到的東西就全忘光了。」或是「要養成習慣，最少需要三週。」但如果希望部屬一定要學會這些知識，從指導完當天起，就應該**每天定期確認，並提出回饋意見**。

指導時，要避免以下這個狀況：「一看到部屬沒做好，就突然開口罵人。」之前什麼都沒說，三天後突然大聲指責：「你看，才剛教過的又忘了！」說這種話，只會讓主管自己發洩情緒、得到滿足，但部屬卻會更萎靡不振。若是希望部屬能盡快應用所學的知識，那麼教導完後就要頻繁確認，協助部屬成功，這才是正確的做法。

像這種具體指導，我認為在協助部屬學會基本技能時，是非常有效的。

聆聽問題、一起思考，提供資源

在亞馬遜，不論是主管或員工，每個人都很自律。在這樣的職場，**管理者最有效的協助方式**，就是聆聽部屬的煩惱、陪他一起思考煩惱的真正原因，調度不足的資源。

舉例來說，部屬來找主管商量：「因為事情太多，無法在交期之前完成預定工作。」此時主管應該要和員工一起思考：「忙碌的原因是什麼？有什麼對策可以協助這位部屬，讓他在交期內完成工作？」然後負責找來需要的人力、物料、金錢等資源，協助部屬成功達標。

在亞馬遜，經理級以上的主管，日常業務的一環就是要和部屬一對一面談（1 on 1）。每個主管的做法不同，但基本上都是**每一週到兩週和部屬面談一次，每個人約三十分鐘**。主管事前會和部屬約好時間，在會議室等確保隱私的地方面談。因為這個面談是為了部屬所設，因此主管會保持聆聽。這是傾聽部屬煩惱，並一起思考解決對策的時間。

能培養出超越自己的部屬，才是好主管

「不會教人」的問題之所以很難解決，原因之一是主管害怕教會部屬後，對方會超越自己，結果自己變成多餘的。

在亞馬遜，為了預防這一點，在尋找人才時，便是以錄用能讓亞馬遜更成長的人才為標準。換句話說，錄用比自己優秀的人，是徵才的前提。貝佐斯也經常說：「不要害怕錄用比自己優秀的人才。」因為如果不這麼做，公

① 具體的指導基本技能。

② 若部屬個性自律，便聆聽、一同思考、調度不足的資源。

③ 不要害怕部屬比自己優秀。

司就會停止成長。**亞馬遜的晉升程序第一步，也是由主管推薦開始**。主管的重要任務之一，便是讓部屬累積可以寫在推薦信上的成績。

我在亞馬遜時，經常告訴我的同仁：「身為主管，就像是舞臺劇的導演。準備好劇本，搭一個合適的舞臺，讓身為演員的部屬登臺、呈現最棒的表演，得到更多人認同。」讓部屬發光發熱，這是身為主管該做的事。在亞馬遜，員工也徹底執行這個觀念。在人工智慧崛起、少子化與高齡化導致勞動力不足的時代，能培養人才的管理者才是好主管，這個觀念今後應該會更深植人心。

如果要談員工教育訓練的體制問題，也會是關乎到公司整體的大議題，但若是從小地方開始，先把自己的部屬、後進，培養成能獨當一面的人，這在自己的權限內便可以馬上著手執行。由自己開始，打造一個健全體制，足以培養出超越自己的人才。這個體制甚至可以推廣到全公司。因為教育人才、幫助他人成長的工作，只要花工夫去做，將會是個成長空間無窮無盡的領域。

A. 活用「教導」與「一起解決問題」，培養出超越自己的人才。

2 教育訓練有沒有效果？關鍵在有無檢測方法

「其實我們為員工辦了很多教育訓練，但是都沒有什麼效果……」，許多企業教育訓練負責人，經常告訴我這類困擾。仔細追問才發現，有這種煩惱的企業，大都缺少教育訓練後的追蹤分析流程。

訓練結束後追蹤分析，才能了解成效高低

亞馬遜的商務建構在網路上，為了提供顧客更好的服務，追蹤分析是理所當然的事。基於同樣思考，舉辦員工教育訓練時，自然也會思考：「要如何讓教育訓練獲得成果？若是無法落實，有哪些可能的原因？應該怎麼做才

能落實？」

然而大多數的企業只是舉辦教育訓練，事後卻沒有追蹤分析。因為無法掌握參加成員「訓練結束後」的狀態，也就做不到教育訓練的ＰＤＣＡ循環。

因此，如果你正因教育訓練效果不彰而煩惱，首先必須掌握教育訓練實現了什麼樣的效果？或是沒有發揮效果？

有一個方法，就是從外部延聘講師舉辦教育訓練時，**事先詢問「是否有什麼方法能在課程結束後檢測效果**？若有，是什麼樣的方法？」確認對方有檢測的方法後，再連同效果檢測的部分一起列入合約。若是對方回覆沒有方法可以檢測，便可以選擇不要延聘這位講師，或是和對方一起思考、一起開發追蹤分析成果的方法。

若是透過公司系統實行教育訓練，那麼在規劃時，便要一起納入課程結束後的追蹤分析。有些企業常把重點放在ＰＤＣＡ的Ｐ和Ｄ上，卻輕忽了Ｃ和Ａ。但正因有Ｃ和Ａ，才能有效運用Ｐ和Ｄ。建議著手追蹤後續情形，了解成效缺乏到什麼程度，再蒐集客觀資料。部屬在教育訓練後的成效，由直屬主管等人來定期確認即可，不必想得太過複雜。

追蹤分析後，下一步就能找出問題出在哪裡

教育訓練結束後，追蹤並分析參加者獲得的效果。當確定沒有出現應有的成果時，便要找出參加者是在哪個環節發生問題？

- 未清楚理解課程內容？
- 上完課便忘記了？
- 其實根本做不到？

如前述三者，依據不同原因，要落實教育訓練內容的方法也不一樣。

公司每一年投入員工教育訓練的經費相當龐大，然而有許多公司的人資部或教育訓練負責人，或是企業教育訓練講師等，都只停留在自我滿足的階段。員工教育訓練負責人覺得：「一直以來都是找自己喜歡的講師來上課，也沒發生什麼問題。」而講師覺得：「參加者回饋的感想都很正面。」大概

① 要掌握研習的「成果」，
而不是「感想」。

⬇

② 若沒有達到預期的成果，
就要找出是哪個環節窒礙難行。

都只停留在這種程度的滿足感而已。

為了回收在教育訓練上投資的龐大費用，也必須徹底確認訓練結束後的員工狀況。

A. 客觀分析、追蹤研習課程結束後的成果，找出窒礙難行之處，思考對策。

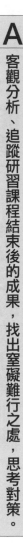

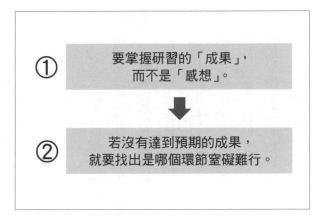

3 不能產生行為改變的教育與訓練，寧可不辦

「員工教育訓練出席率很低！」我經常從企業的教育訓練負責人口中，聽到這句話。我認為，原因應該出在員工不理解舉辦教育訓練的目的，也就是不了解參加教育訓練後，應該達成什麼目標。這不單是指教育訓練的參加者，也同時指教育訓練的舉辦者。

亞馬遜的教育訓練，有一個明確的目的，那就是希望透過訓練，讓員工得到所需要的能力，以從現階段提升到下一階段。也就是說，教育訓練是要在更高層級工作時必須的條件，是必須跨越的關卡。主管會想：「這個員工還沒接受過相關的教育訓練，在下次晉升前，要幫他製造機會、參加訓練課程。」也要讓員工覺得，參加研習訓練課程是理所當然的。

然而，我接觸到的企業教育訓練現況，立場大都是由員工自行決定上不上課，可以的話，希望員工盡可能參加；或是雖然要求員工一定要出席，但課程結束後，所要達成的目標就由員工自行決定。很多企業舉辦教育訓練時，採取的方針都像這樣模糊不清。如果交由員工自行決定是否上課，那麼忙於現場管理的中階幹部便會想：「如果不上課也無妨，那還是先處理完手邊的事情吧。」

而強制要求員工參加教育訓練，卻沒有設定明確目標，員工大概即使出席，也會以「不好意思，客戶那邊打電話來，我必須接一下」為藉口，離開上課場地，然後可能很久之後才會回來。

要提升出席率，首先教育訓練舉辦者（人資部負責人等），必須重新思考訓練的目的為何；也就是課程結束後，希望員工達到的目標。若覺得舉辦訓練課程的理由沒有說服力，不如鼓起勇氣喊停，讓大家回去工作，對公司的生產力還比較有幫助。如果只是因為覺得不辦教育訓練，會讓人覺得自己沒有在工作，那麼出於這種理由而舉辦的課程，是無法持續下去的。

教育訓練負責人最容易犯的兩個錯誤

教育訓練課程的負責人，有幾個容易犯的錯誤。

第一，覺得課程出席率不佳，是因為講師說話不有趣，所以傾向找說話風趣的講師來上課。我並不是要否定說話風趣的講師，但若以上課時的滿意度作為判斷基準，那麼便會與舉辦訓練的最初目的有所落差。選擇講師時，必須從這一點回頭檢視：「希望出席者**學到什麼技能？在實務上如何運用？**」如此一來，也能對必須出席課程的員工，說明舉辦此次教育訓練的理由。

第二個錯誤是，認為只要部分出席者，能在這次的課程中學到東西就好，不需要**全員都有收穫**。當主辦人抱持這種想法，這次的課程就不再是希望員工「一定要學到某個技能」而舉辦，會變成「學到這個技能比較好，所以舉辦課程」。如此一來，員工會回覆這次的教育訓練不重要、不克出席，也就不奇怪了。

前面也提過，教育訓練課程結束之後，才是重點。

此外，課程負責人要強烈意識到每一分錢都要花得值得，否則只是白費龐大的經費與時間。像某些政府機關一樣，到年底才趕著消化預算的做法，是教育訓練負責人必須避免的。

✕ 覺得「大家不出席，是因為講師說話不有趣。」

✕ 覺得「只要出席者中有一部分人有學到東西就好。」

A.

課程負責人該重視的不是員工下課時的感想，應著眼於課程結束後員工的行為。

專欄四　一年一次的亞馬遜外地集訓

日本亞馬遜經常舉辦外地集訓（Offsite Meeting），挑選一個遠離辦公室的場所，針對某個主題、集中討論。我所在的營運部門，每年都會在遠離東京都心（市區）的地區，挑一個住宿地點，舉辦數次外地集訓。

我參加過的集訓中，最大型的當屬「全球營運與顧客服務」（Worldwide Operations & Customer Service）。這個活動一年一定會舉辦一次，亞馬遜會包下大型飯店三天，集結世界各地亞馬遜營運部門及客服部門的主管，在美國舉行會議。

外地集訓的意義，最主要有兩個。一個是共享公司的大方向與新科技，建立與會者的共識；另一個是擴展人際網路。雖然參與人數眾多、需要花費龐大的費用，但在亞馬遜看來，外地集訓的重要性不言而喻。（按：關於亞馬遜的外地集訓，請詳見《Amazon 的人為什麼這麼厲害？》。）

第 5 章

部門衝突、內部瀰漫無力感，亞馬遜這樣找回幹勁

——想法總是被打回票、部門協調累死人、公司產品只會模仿……

工作的目的——為了顧客

「公司裡瀰漫著一股無力感，讓人受不了」、「即使有新想法，也不太可能實現」、「光是協調部門間的利益衝突，就讓人疲累」，或是「公司只會做競爭者已經做過的東西」，以上種種問題，原因都是出在思考時沒有想到顧客。

在亞馬遜，顧客（Customer）就是如同北極星一樣的存在。

亞馬遜每一季會表揚員工，內部有許多獎項，其中最有價值的是「門板桌獎」（Door Desk Award）。獲獎人會得到創業初期勤勞簡約的象徵：門板桌模型（用製作門板的合板木材打造的質樸桌子）。這個模型上除了有亞馬遜創辦人傑夫・貝佐斯的簽名之外，還刻了一句話「由顧客決定！」（Customers Rule!）

此外，在第三章（請參照第八十頁至八十一頁）介紹過亞馬遜有所謂的全球使命，是創辦至今從未改變、全世界亞馬遜人的共通價值觀。亞馬遜也使用顧客體驗與選擇這兩個詞。事實上亞馬遜的商務模式，也就是眾所周知的良性循環（請參照第二一八頁至二一九頁），也是以「顧客體驗」作為循環的起始點。

如果各位的職場中，也有本章開頭提到的種種問題的話，不妨試著從以下觀點重新思考：「做這項工作，真的是為了顧客嗎？」如此一來，對事情的做法與切入點，必定會從根本上改變。

1 「反正……」、「不可能啦……」，當公司內充斥著這些聲音

「因為是夕陽產業，所以不可能啦。再怎麼努力也沒有未來」、「反正薪水又不會調高，隨便做做就好」，公司裡總是瀰漫這些氛圍……我想，有不少職場都有這樣的情況。

這些問題，恰好證明了公司並未從顧客的角度來做事。員工眼前總是有一些事情會吸引他們的注意力，結果往往只顧著這些事，卻忘了最重要的顧客。

提高顧客滿意度，沒有終點

亞馬遜的員工渾身充滿幹勁，如本章開頭所介紹，因為亞馬遜的公司宗

旨與商務模式，貫徹了一個主軸：提升顧客滿意度。

關於這一點，最讓人印象深刻的，是亞馬遜創辦人兼執行長傑夫・貝佐斯經常說的一段話：「顧客期待亞馬遜不斷創新。我們沒有時間讓顧客失望、原地踏步。」

亞馬遜思考的顧客滿意度，不只是讓顧客在使用亞馬遜服務時，有物超所值的感覺，更會思考顧客是否感到開心、快樂？即使某一件事讓消費者很滿意，依然持續追求更高的滿意度。

以出貨速度來說，顧客都希望越早送到越好。亞馬遜清楚這一點，因此運送的機制從一開始要花上幾天送達，進步到幾小時，甚至在某些地區還可提供一小時到貨的服務。但即使如此，亞馬遜依然追求更快的速度，經常思考：「有沒有更快、不管在什麼情況下都能確實送達的方法或機制？」

以選擇來說，顧客希望以適合自己的方式支付。因此付款方式最好是讓客戶自由選擇。「Amazon.co.jp」剛成立時，付款方式只有信用卡付款一種，但現在已經有貨到付款、便利商店、ATM、網路銀行、電子錢包、分期付款等，有各種不同的付款方式可供顧客選擇。今後為了因應顧客需求，也可能

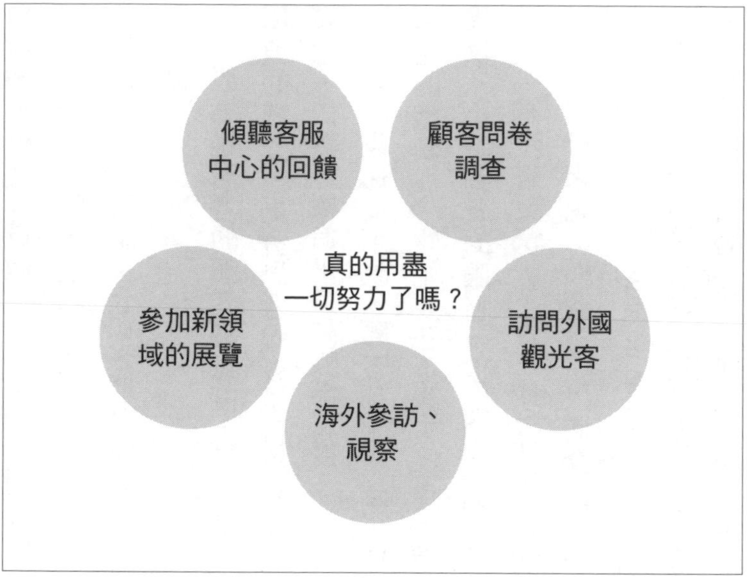

接受以虛擬貨幣付款。在付款方式上，亞馬遜的進化也沒有終點。

無論是什麼業界、公司規模大小，不管是什麼部門，現在都可以馬上開始思考：「為了提升顧客滿意度，我們可以做哪些事情？」由於這件事沒有終點，便可以成為工作上永遠的激勵來源。

感嘆自己的業界是「夕陽產業」之前，你可以……

我認為，感嘆自己身處夕

陽產業的員工，應該先捫心自問：「我真的認真聆聽了顧客的心聲嗎？」是否真的有馬上詳讀客服中心反饋的意見？有試過顧客問卷調查嗎？有去新領域的展覽參展過嗎？有試著請路人試用過嗎？有探詢過前來旅遊的外國觀光客，有什麼需求嗎？是否曾去海外參訪，努力開發新需求？

只有在用盡所有想得到的方法、手段後，最終體會到自己的行業是夕陽產業時，才算是真正的夕陽產業。其實顧客需要的，遠比我們所能想像得更多，只是許多人都是自顧自的決定放棄而已。

A. 要用盡所有想得到的方法，聆聽顧客的心聲。

2 「這賣得出去嗎？」公司裡總是有人打擊新想法

顧客總是尋求新東西，追求比現在更好的產品。要回應這樣的顧客期待，不論願不願意，公司都必須追求新的想法，使新概念成形。為了持續獲得客戶支持，公司必須具體實現新創意。因此，當公司內充滿「無法實現創意」的聲浪時，大概是因為沒有徹底聆聽顧客的聲音。

有些人或許會反駁：「並不是這樣。無論客戶的需求是什麼，每次只要我們想嘗試新的想法，上頭就會有人質疑，這樣是不是真的行得通；或是問賣不掉的話，誰來負責？用這種聲音來打擊我們。」、「只會反對，其他什麼都不做」，若握有權限的管理者抱持這些想法，的確很可惜。但只是惋惜，事情也不會好轉。為了使創意具體成形，只能抓住幾個重點，採取行動。

你想要實現新創意嗎？注意這些重點

第一點，是**蒐集客觀數據**。這裡提供一個很好的說服材料，那就是「顧客抱著很大的期待，人數有這麼多」。其他像是先製作測試品、請目標客群試用，蒐集顧客反應，這也是很好的方式。

第二點，是從小規模開始。例如，為了不影響現有的工作，一開始先規劃較少的預算，團隊成員也不用太多，在令人感到相對舒適的情況下，比較容易說動其他人。

第三點，是**事先決定好撤退的底線**，並與相關人士共享。例如「若投資〇〇〇萬日圓後，還不能達成目標的話，就撤退」，或是「到〇年〇月〇日為止，若不能達成目標，就撤退」。以數字明確訂出預計達成的目標，並以此作為大前提。

第四點，是多說「為了顧客」。「這麼做的話，顧客一定會開心」，要常把這句話掛在嘴邊，面對反對者也不採取敵對態度，而是視對方為一起提

① 蒐集客觀數據。

② 從小規模開始。

③ 事先決定好撤退的底線，
並與相關人士共享。

④ 多說「為了顧客」。

升顧客滿意度的夥伴。

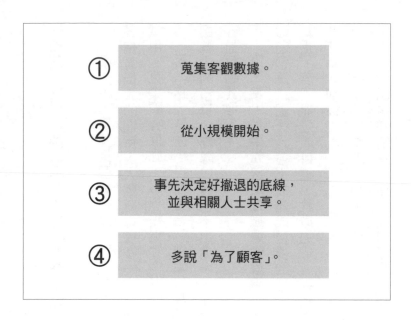

在亞馬遜，要開始一項新專案時，一定會從小規模的測試開始。

假設亞馬遜想上架某種類型的飲料，而市面上銷售這類飲料的廠商，全國共有一百家，每家有十種商品，也就是假設市面上有「一百家廠商／一千種商品」。一開始亞馬遜不會一口氣就和這一百家廠商簽約，馬上上架一千種商品。要銷售新飲料時，沒有人知道會發生什麼樣的問題，因此亞馬遜會先和一到兩家廠商簽約，先上架十到二十種商品，若出現問題，便找出解決對策。

接下來再增加十家廠商，若出現新問題便再解決；再增加到五十家廠商，若有問題再持續解決……這樣一直重複下去，直到最終和這一百家廠商都順利簽約。

這種做法在亞馬遜稱為「挑戰極限」，就像是把信封的尺寸一點一點的不斷擴大，若做得好，事業規模也會逐步擴大。看似很謹慎、要花不少時間的做法，其實是不斷在執行ＰＤＣＡ循環，既可以避免大規模的失敗，每次**挑戰的新目標也只是更大了一點點，現場就不容易出現「一定不可能」的反彈聲浪**，也可避免公司內部招致混亂。

A.

站在顧客的角度來說服反對者，從小規模著手，逐漸累積成功經驗。

3 只想著自己（部門）要什麼，卻忘了顧客要什麼

「老是在協調與其他部門的利害衝突，很累人。」職場上經常會出現這種情況。我每次聽到公司內部為了爭取主導權而協調利益，總覺得避之唯恐不及，因為在我看來，這就是工作時沒有想到顧客。

在第三章提到「無意義的會議」（請照第八十二頁至八十三頁）時，曾介紹亞馬遜總部開會時，會為虛擬顧客準備位子，這是為了讓員工自省：「顧客看到我們工作時的樣子，會感到開心並為此買單嗎？」協調部門間的利害衝突，顧客會開心的為此掏出錢包嗎？很可惜，答案應該是「不會」吧！

亞馬遜的文化，大家非常厭惡「妥協」或「協調」這些詞語。**貝佐斯常對我們說：「要小心社會凝聚。」**社會凝聚的原文是「Social Cohesion」，原

意是人際統合，但貝佐斯的意思應該比較接近**串通，或是與熟識的人妥協**。貝佐斯以推測天花板高度的情境來說明。

是三公尺還是兩公尺五十公分？是否因為妥協而便宜行事

「有兩個人在推測天花板的高度，其中一個人覺得應該是兩公尺五十公分，而另一個人覺得應該是三公尺。這時，聽到這兩個人對話的第三者，便表示那就決定是兩公尺七十五公分好了。聽到這句話，原本討論的兩個人也就這麼決定，最後就說天花板高度是兩公尺七十五公分。

「這就是發生社會凝聚的瞬間。以模稜兩可的數字含糊的決定目標，也不測量實際狀況。這種時候，其實應該拿量尺、確實量測天花板的高度。」

聽見協調部門間的利害衝突時，我便會想起這句話。大家協調後的結果，是否就妥協在兩公尺七十五公分了？

無論哪個業界、什麼部門，我們工作不就是為了提供利益給顧客而存在的嗎？我們不應該討論自己想要怎麼做，而是該思考客戶希望我們怎麼做。

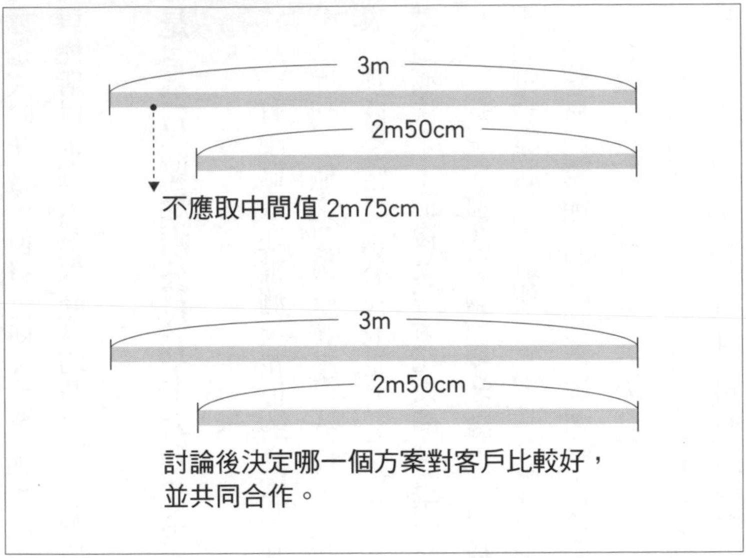
3m
2m50cm
不應取中間值 2m75cm
3m
2m50cm
討論後決定哪一個方案對客戶比較好，
並共同合作。

如此一來，討論時大家也會更認真，也比以前更容易達成結論。如此一來，部門之間的關係就不是協調，而是合作。

偏袒自己的團隊，結果無法收場

本書多次提到，亞馬遜內有十四條被稱為「OLP」的領導力準則（請參照第二一三頁至二一七頁）。我個人最喜歡的，就是第十一條「贏得信任」（Earn Trust）。在協調部門利益時，有些主管會偏袒自己的團隊，強勢主張：「我的團隊沒有錯！」然而，一個領導人**想要得到真正的信任，必須獲得其他團隊、部門成員的尊敬**，真誠傾聽這些團隊的聲音。

部門間的協調是為了自己而行動。若每個領導人能從「為了顧客」的角度出發，互相合作、推動工作，必定可以做出一番成果。

A. 不該只想著部門間的利害衝突，而是要「為了顧客」一起合作。

4 製造產品不是模仿大賽，先想顧客要什麼

「只會從目前市面上已有的產品中調查銷售資料，生產類似的商品」、「和對手在產品功能上競爭，結果大家做出來的東西幾乎一樣」，有不少公司為了產品太相似或同質化問題而煩惱。其實只要看看公司是否專注在提升顧客滿意度，便可解決這個問題。

太過關注競爭對手，導致客戶流失

亞馬遜創辦人貝佐斯經常說：「如果太過關注競爭對手，會讓顧客流失，要注意。」這是因為若以贏過對手為目的，就會失去最應該重視的「顧客的

支持」。

這不是說亞馬遜完全不把競爭對手放在眼裡，只是亞馬遜是為了掌握自己目前的程度而關注競爭對手。例如，有一個購物網站開始銷售某個亞馬遜沒有賣的商品，亞馬遜人便會思考：「若我們花點心思，是否也能販賣同一種商品？」

但亞馬遜不會草率決定：「那就比對手早一步開始提供服務吧！」如果公司的體制尚未完備，只是為了贏過對手，就開始提供服務，結果只會讓客戶更困擾，沒有任何好處。

但亞馬遜也不是慢吞吞的準備。亞馬遜準備一項新服務的速度，可以說令其他企業瞠目結舌。其背後的動機，就是為了提升顧客滿意度。因為所有員工都想著要為了客戶，盡快開始提供服務，因此就會加速開發或上架的腳步。

競相模仿對手，忘了顧客是不是真的需要

我曾經從一位製造商公司的職員口中，聽過一個令人哭笑不得的故事：

重新確認自家公司的使命，
是不是：「如何讓顧客感到開心？」

「因為對手的產品搭載了某個功能，為了不輸對方，所以自家產品也搭載了同樣功能。結果對手又把我們獨創的功能加入新產品，一直不斷重複，最後大家做出來的商品除了商標不同，根本就是一樣的東西。」

投入大量人力與資金，最後只換來同質化的產品。即使搭載了各種功能，若對客戶來說不好用，大概就得不到顧客支持。這就是貝佐斯所說的「太過關注對手而流失顧客」的典型案例。此時，最好依照以下三個步驟，重新調整工作方式：

①重新確認自家公司的使命，是不是：「如何讓顧客感到開心？」

②基於這個使命，聆聽顧客的聲音。

③競爭對手是幫助自己了解目前水準的基準點。

其中①特別重要。公司的使命是「劃時代、令人驚奇」，或是「便宜」，抑或是「滿足了顧客一直想要的功能」等，重新檢討希望從顧客口中得到什麼樣的回響，並將資訊共享給公司成員。相信如此一來，便能找到未來前進的方向。

A. 利用競爭對手來了解自己目前的水準。集中精力提升顧客滿意度。

專欄五　亞馬遜的聖誕節客服，以顧客要什麼為思考前提

亞馬遜用盡全力，避免打破對顧客的承諾、避免讓顧客的期待落空。其中最重要的，便是每年的聖誕季。每到十二月，「Amazon.co.jp」商品頁面上，會出現「聖誕節前可送達」的註記。這是為了讓顧客看一眼就知道，商品是否可在節日前送達。

為了嚴守約定，亞馬遜用盡各種方法來對應。在美國曾發生過一件事，聖誕節前一天，顧客反應說還沒收到商品，雖然系統資料上顯示已配送完畢，但實際上沒有送達。客服中心收到顧客反應後，馬上自行判斷，免費升級為航空包裹出貨，確保當天就可送達。

日本亞馬遜也曾發生過類似情況，當時即使委託宅配業者盡快運送，也要到聖誕節後才能送到。因此我們召開緊急會議商量對策，最後決定請距離配送地點最近的倉庫所長，打扮成聖誕老人親手交付。客戶見到打扮成聖誕老人的所長時，也感到非常開心。（按：相關內容請詳見《Amazon 的人為什麼這麼厲害？》。）

第 6 章

考績怎麼評估，結果人人服，員工留得住？

——員工認為考核不公平、離職率高、擺爛老員工與辦公室怪咖……

不以成敗論績效，而是定期檢核理想與現實的落差

「主管考核不公」、「離職率很高」、「資深員工不讓我們挑戰新事物」、「和公司裡的怪咖相處好累人」，之所以會有這些問題，有很大原因是缺乏數字目標以及績效評估制度不完備。設定數字目標，依此進行績效評估，這兩件事必須相互搭配、共同規劃執行。

有許多公司的績效評估過程，都是設定了目標之後，就一整年沒再去確認目標進度。直到年底要核定薪資水準時，主管才開口告知部屬的考核結果。但**一整年當中主管什麼都沒說，年底突然被告知**：「你的績效不太好喔！」這時部屬會怎麼想？想必一定是大受打擊，覺得：「主管之前什麼都沒說，我還以為沒問題……。」然後心想：「這間公司考核不公平，在這裡待著也

沒意思。」因此提出辭呈也就不奇怪了。

為什麼會發生這種情況？這是因為上司誤解了「績效評估」一詞的真正意義。許多公司以為，績效評估是用來判斷部屬工作結果成功或失敗。但亞馬遜不同，亞馬遜把績效評估，視為「為了使部屬達成目標的定期檢核，若發現偏差，便立即修正」。

如第一〇五頁所說，亞馬遜經理層級以上的主管，日常工作的一環便是與部屬一對一面談，確認目標與現狀的落差，並與部屬一同思考對策。此外，除了年度考核之外，還有期中考核，重點放在確認部屬是否依循OLP，也就是「我們的領導力準則」來執行業務。若必須升遷才能達成目標，主管也會視情況，幫部屬晉升。

1 績效評估不該出現的字：很積極

「主管給同事的評價比較好，給我的評語比較差」、「主管偏袒會討好他的人」、「越早把事情做完，反而薪水越少」等，有許多上班族對績效評估有各種不同的怨言。身為團隊領導者，若成員中有人抱怨這些事，管理者應該很頭痛。

重點是要建立數字目標，以此考核員工

要減少公司內這種不滿的怨言，方法之一便是導入數字目標。關於數字目標，先前已在第二章（請參照第五十頁起）介紹過，客觀的用數字衡量是

否達成目標？如此一來，感到不公平的人應該也會減少。為此，亞馬遜導入度量，也就是KPI，將亞馬遜整體的目標細分到各現場每月、每週；甚至如果是倉庫的話，就明確設定每天、每小時的數字目標。

亞馬遜思考績效評估的大前提是：「**若不用數字決定目標，根本不會知道要做到什麼程度為止**。」因此就可避免出現「因為主管喜歡某某人、所以晉升他」等，這樣曖昧不明的印象分數。此外，針對有些同仁雖然不討主管喜歡，但是可以確實做出成果；或雖然個性不親切，但可以提出具體工作成效，基於數字目標的評估，也可避免對他們有不公平的情況。

主管對部屬的績效評估，不應該出現「工作態度積極」或「每天加班到很晚」這類評語，而是應該一開始就告知每位員工應該達成的數字目標，而在做績效評估時，更應集中在評估目前達成的進度多少。

擔任主管時，如果職場中的數字日標模糊不清，而部屬心中已多有不滿，不妨試著在星期五告知部屬下週希望達到的數字，然後下星期五再次確認達成進度。但要注意，如同本章開頭（請參照第一三八頁至一三九頁）所說，**主管的功能不是判斷部屬有沒有做到，而是要促使部屬達成目標**。當有可能無法達成目標時，便協助部屬達成。不要只看沒做到的部分，而是和部屬一同思考該如何做到。若能持續這個方法，一定可以大幅改善與同仁的關係。

不僅評估數字，也同時評估領導力

有一點要說明，亞馬遜不只單純用「是否達成數字目標？還是沒有達成？」這個客觀要素來考核，因為這種績效評估，和確認機器人的工作效率，沒有什麼兩樣。

相對於數字目標的「定量評估」，難以用數字來衡量的項目則稱為「定性評估」。亞馬遜非常重視領導力，並制定OLP，也就是「我們的領導力準則」（請參照第二一三頁至二一七頁），其中條列十四條準則，是所有亞馬遜員工、不分職位，都應遵循的人生原則和人際相處方式。

在每週一對一面談，或是年度考核時，主管都要與部屬確認「是否體現OLP」，體現OLP的行動也會大幅影響加薪或升遷。由於績效評估是架構在OLP之上，如此便可預防員工彼此之間，為達目的不擇手段所產生的關係緊繃、內鬥或互相攻訐的情形。

基於經營理念，建立評估品格的機制

可能有些人會覺得：「亞馬遜有OLP領導力準則，但我們公司沒有定性評估的機制。」如果有這種情況，就必須先**制定評估品格的機制**，而此時可以參考公司的經營理念。

每個公司都一定有經營理念，或是接近經營理念的信念。這些理念當中，必定包含了公司存在的意義，或是區別與其他公司的不同之處。實踐經營理念，是身為公司的一分子該做的事。

舉例來說，若公司標榜的理念是「以客為尊」，卻有員工不尊重顧客，那麼主管考核時就可以明確指出員工做法不對。若公司標榜的理念是「以創新技術震驚世界」，則不斷開發出新技術的員工，或是經常思考要如何讓世人耳目一新的員工，就值得獲得優秀的評價。

即使團隊人數很少，主管依然可以很快的參考公司經營理念、定出方針，

A. 透過定性評估與定量評估，便可大幅預防考核不公的情形。

①基於數字目標，用達成度來評估（定量評估）。

＋

②基於經營理念制定行動準則，依此評估（定性評估）。

告訴員工只要遵循，就會得到優良評價。基於這個方針採取行動，並實際確認，便可打造出朝著同方向前進、同心協力的團隊。

有時候可能會覺得，閱讀公司的經營理念後，依然沒有什麼特別感受，此時就必須重新檢視落差為何。自己想前進的方向與公司理念大致相符嗎？或是正朝著反方向前進？如果是後者，很可惜的，這種人在公司做出的貢獻越多，與自己的理想差距就越大，因此必須認真思考，是否要在目前的公司繼續待下去。

2 「你辛苦了，謝謝」是對員工最大的激勵

「員工都待不久，越是優秀的年輕員工，越容易離職」，很多管理者似乎都有這種煩惱。主管站在第一線管理的立場，能夠為員工做的，就是認可（Recognition），也就是指認同真正價值，感謝對方。

對於工作的人來說，薪水或獎金等金錢報酬是激勵來源之一，然而這些都是公司上層經營團隊拍板定案，除了一小部分公司之外，要持續不斷增加薪水，是有困難的。金錢報酬是員工自己無法掌控的部分。

另外還有一個激勵，那便是非金錢報酬。人們都希望受到他人認可，當別人看見自己努力工作時，說一句「你辛苦了，謝謝」，這句感謝的話語，對當事人而言就是報酬，是很大的激勵來源。部屬最希望得到誰的認可？那

就是主管。比起其他人說「你辛苦了」，部屬更希望從自己的主管口中聽到這句話。當然，若只有非金錢報酬（感謝的話語），而沒有金錢報酬（薪水），這樣的職場是無法長久的。但依然有許多職場，主管對於自己可控制的「給部屬的非金錢報酬」，依然給得不夠。

公開宣揚部屬的好成績

亞馬遜很重視認可。主管會採取行動，讓自己部屬的成績廣為其他亞馬遜人所知。以我長期工作的營運部門為例，在倉庫更新體制與工作機制後，出貨量增加、打破單日最高出貨紀錄時，破紀錄的倉庫所長會發電子郵件，通知日本其他倉庫的負責人：「我們達成了單日〇〇萬件的最高出貨紀錄！」收到這封郵件的人，也會回信祝賀。

如果有非常大型的成果，例如某個專案順利完成等，貝佐斯也會發送到郵寄清單和大家分享。這個郵寄清單內有營運、零售、工程部門等各部門主管，以及世界各地的亞馬遜社長等人，他們收到郵件後，若覺得成果很卓越，

透過給予認可，為部屬創造獲得讚美的舞臺。

也會再轉信給其他成員，告知他們：「日本亞馬遜做到了這件事！」於是世界各地的亞馬遜人會紛紛寫信來讚美：「日本那邊之前做到了很厲害的事！」我也曾收到貝佐斯回覆祝賀「Congrats!」的郵件。

主管的重要工作之一，是打造一個舞臺，讓部屬獲得周遭人的讚美。當有什麼新的計畫成立時，旁邊的人就會想邀請我的部屬一同參與。創造這樣的機會，就是主管的工作。

也許有人會說：「講話大聲的人，意見容易獲得認同。」但

是正確傳達部屬的成果時，聲音再怎麼大都不為過。

亞馬遜的方針是要將利益回饋給顧客，因此員工的薪水，比起其他外商公司並不算特別高，但員工每天還是很有幹勁的工作，這正是因為亞馬遜內有互相認可彼此成果的文化。

A. 廣為宣傳部屬的成果。

3 挖掘老員工的存在價值

「不知道每天在做什麼的『老人』，薪水都很高」、「每次中堅分子、年輕員工想挑戰新事物時，這些老員工就會反對」，我經常聽到歷史悠久的大企業職員說這些話。

亞馬遜是一間年輕的公司（總公司成立於一九九四年，日本亞馬遜成立於二〇〇〇年），因此還不太有「老害」問題，也就是資深員工倚老賣老、阻礙公司前進的情況。在亞馬遜，幾乎沒有員工從公司創立、到現在還待在公司，而且年齡超過六十歲，員工平均年齡也大約在三十多歲。由於追求持續不斷的成長，便會經常性的招聘員工，因此有大半員工的資歷不到一年。

即使如此，我在二〇一六年二月、四十七歲時離開亞馬遜，原因之一就是不希望成為老害。當時我冷靜思考：「我還跟得上今後亞馬遜所追求的速度與能量嗎？」我判斷自己很難做到，所以選擇離職。亞馬遜對每一件工作都追求速度與能量，今後隨著企業規模不斷增大，需求也更大。然而，當時我的體力開始逐漸衰退，漸漸出現光靠經驗與知識無法彌補之處。

放手交辦工作，確認沒有存在意義就切割

亞馬遜的人才績效評估機制，是基於人才九宮格（9 block），這是美國奇異公司（General Electric，簡稱GE）所開發的人力評估工具。這個評估基於兩個主軸：「定量評估＝現在績效」以及「定性評估＝潛能」。亞馬遜的評估制度便是基於這個機制，再加以改造。在亞馬遜內，**評估目前績效是看「是否達成數字目標」，而評估潛能則是看「是否體現OLP」**（領導力準則，請參照第二一三頁至二一七頁）。

讀者可參照左頁圖表，在圖表右上角，無論是潛力與表現都是最高者，便是最優秀領域，這種員工在亞馬遜可能一年都出不了一個，是相當優秀的

奇異公司的人才九宮格

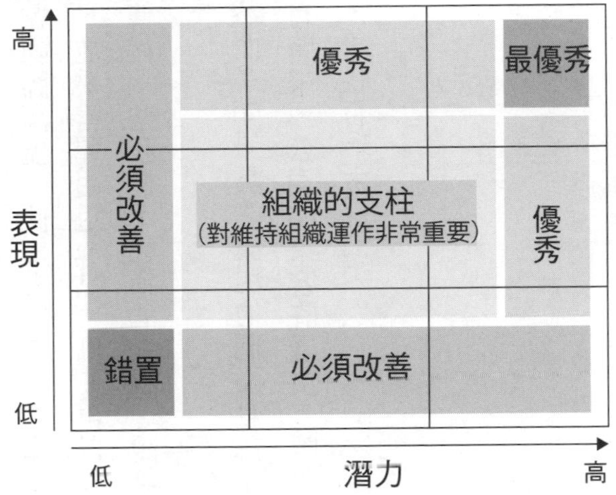

人才。這類員工幾乎都會不斷晉升，同時也接受許多教育訓練，作為未來的幹部候選人、接受栽培。其他**大多數員工幾乎都落在「組織的支柱」這一塊**，由於亞馬遜設定的目標值原本就很高，即使是落在這一塊的員工，也已經相當優秀。

那麼老害指的是什麼樣的人？那就是原本在接近右上的位置，但隨著年齡增長逐漸落到左下的人；過去績效很好，也很有潛力，但漸漸無法再發揮能力。由於歐美的企業職場要求嚴格，因此落到這個區塊的員工，公司便會告知「無法達到公司標準，不再續約」，請他們離開。

回到實際問題，作為主力員工或年輕員工，在職場上該怎麼辦？答案或許有點陳腔濫調，便是去思考「**被稱作老害的員工，在公司一定有其存在意義**」，並妥善運用這一點。例如可以介紹一些平常接觸不到的人脈給我們，或是傳授一些我們不知道的知識，說服經營團隊等，先試著放手交辦工作給他們。

然而，如果真的發現他們沒有待在公司的意義，很可惜的，這樣的公司也沒有將來。公司如果容許老員工阻礙主力員工、年輕員工挑戰，必然不會成長，早晚有一天會消失。

A. **放手交辦工作，若感受不到老員工存在的意義，只能與其切割。**

4 遇到怪咖同事怎麼辦？與其閃躲，不如面對

「心情不好就什麼都沒得商量，這種部屬真令人頭痛」、「同事情緒很容易激動，總是把大家搞得人仰馬翻」等，據說人們的煩惱有九成來自人際關係，應該有不少職場，為了辦公室怪咖而困擾不已吧。

如果這位怪咖還握有很大的權限，那就更糟糕了。「只有他知道這件事怎麼處理」、「他不說ＯＫ，工作就無法往下一步進行」，如果碰到這種人，為了不多生波折，其他人也只能隱忍下來。之所以會發生這種問題，根本原因在於公司的績效評估制度允許、甚至是助長這種行為。因此，最好的解決方式便是修改制度，調整方針為**不認同**這種工作方式。而實際的處理方法，便是在自己的團隊內營造「不認同這種工作方式」的氛圍。

如果你是怪咖的主管，可以試著**只在他做出受眾人期待的事情時，認同對方**。例如，若有一位同仁總是脾氣很暴躁，那麼可以挑少數幾次他心情好的時候，對他說：「你這樣的做事方式很棒！」並不斷重複。

如果你是怪咖的同事或部屬，就只能跟管理階層商量了。如果只是一直想著多一事不如少一事，不採取任何行動，現況就不會有任何改變。在應對怪咖時，要注意的是不去**否定對方的人格**。否定一個人的人格，便是否定對方最重要的價值觀，**將會變成人身攻擊**。「我尊重你的人格，但因為你的做事方式已經影響到周圍同事的生產力，所以可否請你改善一下？」試著和管理者一起思考：要由誰告知、什麼時間點、如何告知、以及告知的重點。除此之外，要由誰監督對方的改善過程，該如何考核，這些也要事先商量好。

先不要胡思亂想，鼓起勇氣直接詢問

此外，無論怪咖同事相對於你，是處在什麼樣的立場，建議各位都要更積極的與對方溝通。因為越不溝通，和怪咖的相處就會讓你覺得越棘手。

① 確實告知對方：「這不是好的做法。」

② 絕不做人身攻擊。

③ 保持溝通頻率，不迴避溝通。

我剛到亞馬遜工作時，有一位不太好相處的主管，我和他說話時總是談不來，所以就覺得對方不喜歡我。

某次我和職涯顧問面談時，提到這個煩惱。平常顧問都是聆聽居多，但那次他問我：「我有一些話想說，你準備好要聽了嗎？」接著顧問說：「那位主管真的討厭你嗎？你有試過直接去問對方嗎？」我說沒有。顧問又說：「那何不試著問一下本人？如果對方的答案是不討厭你，那你就不需要再這麼煩惱了！」

於是我立即和那位主管約好面

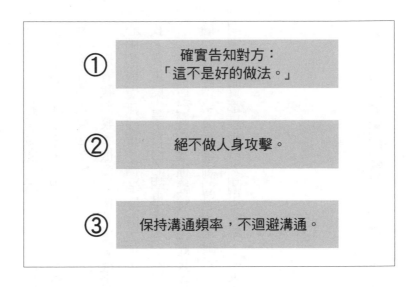

談時間，鼓起勇氣問對方：「我和職涯顧問商量後，決定直接問您，請問您是不是討厭我？……」那位主管非常驚訝的回答我：「我完全不討厭你啊！為什麼你會這麼想？」

接著我們談了很多，藉著這個機會，我大幅拉近了和主管的距離。雖然心中的疑慮無法馬上煙消雲散，但主管也藉機反省為什麼會讓我覺得他討厭我，我也反省了自己的胡思亂想。之後，我與這位主管的關係也更親近了。

由於自己曾有這種經驗，因此我在亞馬遜時，都會建議對人際關係很苦惱的同仁：「有直接詢問過本人嗎？」或是「有直接告知本人嗎？」有許多問題，其實都是當事人胡思亂想，結果心結反而越來越深。

A. 逐步改變團隊氣氛，要確實的與怪咖同事溝通。

專欄六　亞馬遜績效評估制度的特色

在亞馬遜，一月到三月左右，會進行每年一度的大型績效評估。評估的主軸有兩個。第一個主軸是「業績目標」。每個禮拜會和公告的度量相對照，各部門一年之中隨時都在評估。第二個主軸是「是否體現OLP（我們的領導力準則，請參照第二一三頁至二一七頁）」，會採取三百六十度評估，若是有直屬部下的主管，其部屬也會參與評估。

業績和OLP的影響主要有兩項，第一是基本薪資。公司內有「世界各國亞馬遜薪資基準指標」的數據，若在績效評估中拿到的成績是中等，那麼加薪幅度大概和指標相同；若是後段，則不加薪；若是前段，則加薪幅度會再大一點。績效評估會影響的另一項目，是限制型股票單位（Restricted Stock Unit，簡稱RSU）。其最大的特徵，就是公司給員工股票時，約定「行使權利（賣股）的時間點須在一年後或兩年後」等限制。比起基本薪資，RSU受績效評估結果的影響更大。（按：關於績效評估制度，詳見《Amazon的人為什麼這麼厲害？》。）

第7章

追求永續經營，該冒什麼風險？

——同事都害怕失敗、特休假有名無實、資深員工與老員工溝通不良……

如果維持現在的狀態，公司能夠繼續經營下去嗎？

世界正在發生劇烈變化。單從銷售商品的方式來說，這幾年來主流方式也在改變：「實體賣場銷售→網路銷售→結合網路與實體賣場銷售。」企業和員工都必須適應這個巨大的變化。

因此，我們不應僵硬的固守同樣的做法與環境，而應適時轉移到適合自己能力的地方，追求成長才對。在這當中，離開現在的公司也可以是選項之一。工作者應該多想想：「我希望自己的人生是什麼樣子？」從這個角度思考自己的職涯發展（Career Development）。

亞馬遜的員工也有許多人選擇離職。少數人因為覺得能力錯置而離開，但大多數離職的員工，都是為了自己的職涯發展。在高階經理人裡面，也有被其他公司挖角、擔任執行長而離開的；也有些是受新創公司邀請，希望協助導入亞馬遜的經驗而離開。

離開亞馬遜時，許多員工會發 E-mail 通知：「我今天從亞馬遜畢業。」畢業這個詞彙，便帶著把從亞馬遜學到的東西，帶到下一階段的涵義。收到信的人，得知對當事人而言是一個提升職涯的好機會，因此也會回信祝賀。亞馬遜裡都是這一類人，他們會活用到目前為止累積的卓越經驗，並開創下一步職涯，完全不會認為要在亞馬遜的保護傘下待一輩子。

不論是多大的企業，都應該以「這間公司幾年後是否還會存在」為前提，認真思考要如何積極改變並採取行動，這一點非常重要。若不如此，便會輸給擁抱變革的人。

1 怕失敗、不敢嘗試？從承擔小風險開始

我曾經從很多企業的中階幹部口中，聽到以下的煩惱，像是「很多年輕員工都覺得，被派到需要擔責任的職位，很吃虧」、「沒有失敗過的人，才會被一步步升遷」等。

「重點是不要失敗」，這樣的風氣，在產業結構已從根本上發生變化的今天，會使得企業一下子落入困境。其衝擊程度並非僅只於，例如從市占率首位落到第二名這一類，更可能嚴重到演變成「一直以為沒問題的公司突然倒閉」，如果不改變，帶來的衝擊就是這麼強烈。

說實話，現在的環境，已經沒有餘地可以讓企業躊躇著要不要改變了。

嘗試新事物或以前從來沒做過的事，必然伴隨著風險（Risk）。一般人會

聯想到危險、危機等詞彙，其定義包含「可以在機率上量測不確定的事物」，也意指「有這類危險性」。

先從小規模開始嘗試，一邊降低風險一邊擴大

為了要知道危險性有多大，只能採取以下步驟。

①從小規模開始。
②蒐集客觀數據。
③試著分析在何處、可能有什麼樣的風險。以此判斷是否值得挑戰。
④實際著手挑戰，過程中不斷削減不確定因子、降低風險。
⑤確定這些不確定因子已穩定後，再大規模推展。

有許多企業，在是否要進行步驟①和②時猶豫不決，這種公司應該要抱持著危機意識：「再這樣下去，公司很危險。」並從小規模開始嘗試新事物，

或其他人沒有做過的事。

「不害怕失敗」的心態，得從最高主管做起

還有一個常見的狀況，就是光顧著做關於①和②的行銷與傾聽（意見調查），即使③的步驟中已經得到很好的結論，依然無法執行④「實際著手挑戰」。有這種情況的公司，正是因為領導人是影響「不怕失敗的公司風氣」最大的關鍵。

亞馬遜創辦人兼執行長貝佐斯，經常談到承擔風險的重要。

在員工面前，貝佐斯經常一邊回想「那個時候」，一邊告誡員工。所謂的「那個時候」，就是二〇〇〇年美國網際網路泡沫破滅的時候，也是日本亞馬遜剛成立的時期。當時美國亞馬遜（Amazon.com）的股價從四十美元一口氣暴跌到兩美元，但貝佐斯沒有停下腳步，反而加速設備投資。因此各家媒體對於當時的赤字膨脹，都表示亞馬遜馬上就要倒閉或經營手法有問題。華爾街的法人也給了很刻薄的評估。

回顧「那個時候」，貝佐斯對我們這麼說：「當時，他們都誤解我了。其實我是在做創新的事，投資在未來會開花結果的事物上。因為當時確實播種並澆水，現在一切才會有結果，我們也才會有現在的榮景。

「可是不要忘了。那是因為過去我和當時的夥伴們，做了會受到全世界誤解的創新，現在才會有這些成績。

「現在不替未來播種，這朵花總有一天會枯萎。所以今天也播下創新的種子吧。這是為了讓未來開花結果，就算現在大家都誤解你。」

二〇一八年十一月，有新聞報導，貝佐斯在公司內部會議說：「亞馬遜沒有大到不能倒。其實我也覺得亞馬遜總有一天會被打敗。」、「亞馬遜總有一天會倒吧，看看那些大公司，平均壽命大約三十年，不是一百年。」貝佐斯不是在威脅員工，他應該是打從心底真的這麼想。

公司上層領導人的強烈訊息固然重要，但「不害怕失敗的風氣」，其實已經根深柢固的存在於亞馬遜的各種制度中。

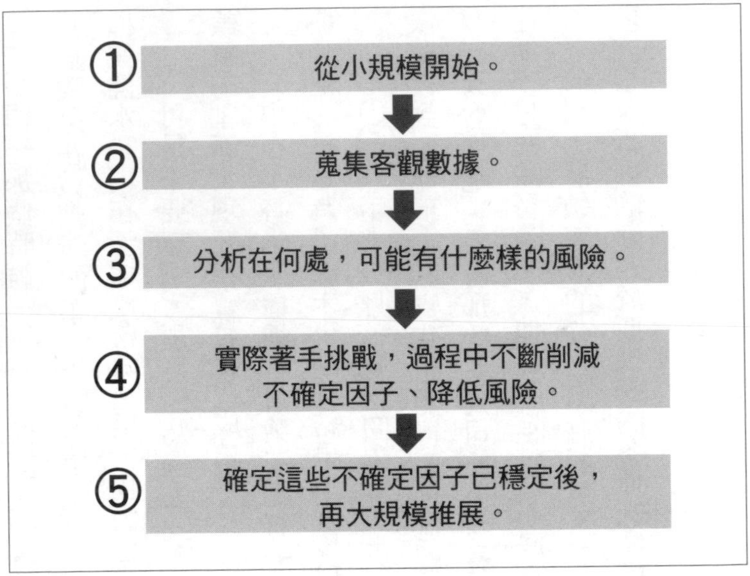
①
從小規模開始。
②
蒐集客觀數據。
③
分析在何處，可能有什麼樣的風險。
④
實際著手挑戰，過程中不斷削減
不確定因子、降低風險。
⑤
確定這些不確定因子已穩定後，
再大規模推展。

利用可動用的預算，從自己的團隊內開始嘗試新挑戰

代表機制之一，就是ＯＬＰ（我們的領導力準則，請參照第二一三頁至二一七頁）第四條「決策正確——在大多數情況下」（Are Right, A Lot.）。這一點強調的便是：偶爾也會有錯誤發生。由於ＯＬＰ是加薪升遷的主軸之一，公司藉此傳遞了一個重要訊息：「即使犯錯也沒關係，勇於挑戰的人才會獲得好評。」

若你的權限可動用一部分預

算，為什麼不試著利用這些預算，在團隊內先開始嘗試新事物？若不立基於正確的危機意識並採取行動，就絕對沒有光明的未來。

A.

從小規模開始，不斷減少不確定因子，逐步擴展。現在不改變，就沒有未來。

2 調和工作與家庭生活，而非平衡

「公司雖然有在家工作的制度，但沒辦法利用」、「沒辦法請特休假」，諸如此類，雖有相關制度卻無法實際運用，應該不少職場都有這類困擾。

如果主管不以身作則、活用制度，部屬自然不會利用。典型案例就是請特休假、男性員工育嬰假或是在家上班制度。主管如果煩惱部屬不會好好利用這些制度，應率先體驗制度的好處，然後盡可能去推廣，這是很重要的。經常有人討論：「在家工作制度，真的可以提升生產力嗎？」此時必須讓全體員工親身體驗，並將工作內容劃分出在家工作可提高生產力的部分，以及不會提高的部分。

順帶一提，由於亞馬遜是美商企業，重視家族相處時間的觀念深植企業文化當中，對員工來說，和家人相處的時間優先，這一點是理所當然的。

給員工自由，自己調整工作方式

貝佐斯本人也一樣。雖然之前新聞報導，他和分居多年的妻子離婚，但我對貝佐斯的印象是，他非常重視與孩子相處的時間。我曾聽西雅圖總部的高級副總裁說過一個故事。

有一次，總部預定在早上八點召開高階主管會議，結果貝佐斯遲到了四十五分鐘，當時他的理由是：「不好意思，因為我在幫小孩檢查功課、花了太多時間，所以遲到了。」可能有些人會覺得：「居然讓大人等四十五分鐘，就是為了檢查自己小孩的功課嗎？」也有人會想：「因為他是老闆、又是執行長，所以大家才會包容吧！」但至少這證明了，在貝佐斯心中，和孩子相處的時間比工作的優先順位更高。

除此之外，大家都知道貝佐斯每天一定會睡滿八小時。因為他知道，若不確保充足睡眠，就無法以清晰的頭腦想出新創意，或是做出重要決策。雖

① 由主管帶頭體驗制度。

↓

② 接著盡可能讓公司全體員工也親身體驗。

↓

③ 親身體驗後，區分出會提升生產力的業務與不會提升的業務。

↓

④ 最後交由每個員工自行決定，要採取何種工作方式。

說如此，貝佐斯並不會強求員工一定要以家人為中心，或確保睡眠時間。

順帶一提，**貝佐斯本人並不會說「平衡工作與家庭生活」**（Work Life Balance）這句話，他喜歡用的是「調和工作與家庭生活」（Work Life Harmony）。因為在面對大型專案上線，或是聖誕季節等忙碌時期，都是許多部門業務最為繁忙的時候，此時無法削減工作時間、挪出空檔給工作以外的事。

重要的是「協調必須全

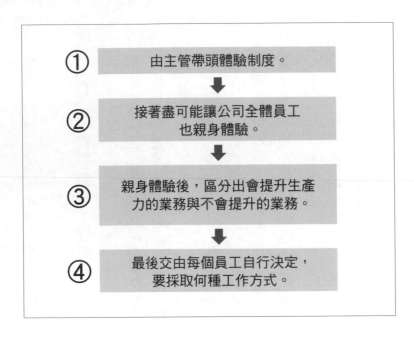

力投入高強度工作的時間，以及休長假的時間」，把工作與工作以外的時間視為一個整體，並妥善調配，也就是賦予員工自行調整的自由。「調和工作與家庭生活」，也是亞馬遜人常用的關鍵句子。

因此，如果員工無法靈活運用公司的制度，可以先讓大家體驗，然後再由每個人決定自己適合哪一種工作方式，依這樣的步驟讓每個人嘗試。但要注意，要避免員工因為在公司待越晚、薪水越多，而一直在公司加班，也不應認同這種做法。因為員工若是一直安於現狀，有一天可能工作就突然消失了也不一定。

A.

由主管以身作則，讓所有員工親身體驗，再交由員工決定自己的工作方式。

3 搞不懂年輕人在想什麼？搞懂了又如何？

「不知道年輕人在想什麼？」有不少職場都有這種煩惱。在埃及的古文書中，也曾殘留一句：「現在的年輕人……。」看來這是古往今來不變的問題。在另一方面，現在也有越來越多年輕職員不想跟主管去喝酒，世代差異比以前更為明顯。

在亞馬遜，**只要能在工作時間內達成目標，並且遵照OLP**（我們的領導力準則，請參照第二一三頁至二一七頁）**行動，那麼不管抱持著什麼樣的價值觀都無妨**。不同世代間存在著價值觀的差異，這是理所當然的，而且日本人和美國人的價值觀，原本就有很大的落差。但因為大家是一起奮鬥的同伴，因此應該尊重對方「他的價值觀自有其道理」，然後思考我自己能做什麼，接著付諸實行。

員工的「多樣性」不是用來實踐的

以前述想法為前提，我覺得多樣性（Diversity）這一個詞其實並不恰當。離開亞馬遜後，曾有媒體記者問我：「亞馬遜是一個實踐多樣性的公司……。」但在亞馬遜人心中，包含我自己，我們並沒有特別意識到多樣性這一點。「企業就是由不同國籍、不同宗教、不同性別等，各種不同背景的人貢獻自己能力、一起工作的集團。」這是理所當然的。我沒有聽過亞馬遜人談論提高女性主管比例的話題，也許只是恰巧有能力的人剛好都是男性，如果有能力的人剛好一〇〇％都是女性，不也很好嗎？這是亞馬遜人的想法。

我個人認為，當公司成立諸如促進女性勞動參與等部門時，事情反而無法順利進行，因為這是強求一個不自然的結果。比起成立這種部門，倒不如把心力放在設計一個光明正大的制度，讓任何背景的人，只要有能力，都能夠升遷。

每個人理所當然的會有不同的價值觀。
只要統整到「顧客」這個理念之下即可。

專注在如何使客戶開心就可以了

從這個層面來說，不同背景的人之間唯一的共通點，就是顧客的存在。透過經常思考如何提升顧客滿意度，並隨之改變自己，不斷重複這個過程，便凝聚成亞馬遜這個組織。當然，公司內一定會有激烈爭辯。但在爭辯的時候，**如果用「我是這麼想的」這種立基於個人固有價值觀的爭辯，那麼雙方的**

討論永遠沒有交集。唯有從更高的高度，討論如何去滿足顧客，大家才能達成一致的結論。

當公司內開始討論世代交流，或促進女性參與等內部議題時，不妨試著思考：「客戶真的希望我們公司這樣調整嗎？」「提升顧客滿意度」這個目標宛如北極星高掛天空，是怎麼追逐都無法握在手上的。打造一個環境、經常讓員工思考該如何使客戶開心，不去在意世代差異或價值觀不同；如此一來，員工之間的溝通，自然可以更為順暢有效。

A. **不去消除價值觀的差異，而是統整到「顧客至上」的理念。**

專欄七　亞馬遜能一邊高速成長、一邊調整

我在亞馬遜時的直屬上司、日本亞馬遜的現任社長傑夫・林田（Jeff Hayashida）（二〇一九年），常用以下說法說明亞馬遜這家公司。他說：「亞馬遜能一邊讓 F1 賽車奔馳、一邊修理，而且還能同步調整。」每次聽到這句話，我都會佩服這個比喻實在精妙。

亞馬遜的腳步不曾放緩，一直都是以極高速度持續成長。為了優化使用環境，亞馬遜的網站每年還會進行數千、甚至數萬次的更新。而且為了不給顧客添麻煩，系統會一邊更新、一邊運作。倉庫也一樣，要把部分貨物從舊倉庫轉移到新倉庫時，為了不給顧客添麻煩，會在盡量不妨礙進、出貨作業的狀況下進行。即使是高速奔馳的 F1 賽車，要更換輪胎時，也必須停在維修站。但亞馬遜不論是修理或調整，都是一邊奔馳，一邊進行的。（按：詳見《Amazon 的人為什麼這麼厲害？》。）

第8章

光有善意沒用，亞馬遜這樣打造優質職場

——決策曠日費時、無謂的人工作業浪費時間……

光靠善意無法持續工作，要建立機制

「決策花太多時間」、「資訊科技化腳步緩慢」等問題，都顯現出公司在如何建立機制這一點上抱持的想法。

關於機制，亞馬遜的想法如下：「善意無效，只有機制才有效。」（Good intention doesn't work. Only mechanism works.）

這是創辦人兼執行長貝佐斯曾說過的話，他也經常這麼告誡同仁。

直譯之後，或許有人會覺得聽起來非常冷酷，但沒有這回事。我的解釋是：員工無法光靠善意持續工作。要在機制的基礎上，才能發揮員工的善意。

「善意」一詞，類似日文中的盛情款待（Omotenashi），聽起來很棒，但總讓我覺得經營者會偷偷的轉換焦點，怠惰於自己本來應該要建立的機制，卻**對員工強調要抱著盛情款待的心態。在這種狀態下，有能力和善意的優秀**

人才，只會逐漸被消磨熱情，最終選擇離職。因此經營層應該要認真思考：「該如何打造優質環境，讓員工得以發揮善意？」例如簡化決策流程，省去多餘的程序等，能做的事情有很多。

在建立機制時，可以有效利用科技。電腦基本上只會依照指令運作，因此可以預防人為粗心所犯的錯誤。亞馬遜從成立以來，便認為「只要能用科技取代的事情，就全部用科技取代」，持續推動改善。美國亞馬遜倉庫的主要流程已經都改為機器人作業，運用科技是理所當然的想法。

1 需要蓋的章不超過五個，兩個披薩就要搞定

「到最終決策為止，需要幾個人、甚至幾十個人蓋章」、「大型專案的決策無法用電子簽章，只能等待主管蓋章」，許多企業都有這類決策流程的困擾。

亞馬遜相當重視決策的速度。如果結論是一樣的，當然是越早決定越好，這也是為了客戶好。就我所知，曾有一個十億日圓的提案（按：約新臺幣兩億八千萬元），只花了兩天就通過。這個提案可大幅削減運費，還能維持客戶滿意度。但為了實現這個想法，需要花費十億日圓的設備投資，不過最後在財務部與營運部攜手合作下，決策迅速過關，並引進主要的倉庫。

不只是大型專案的決策，亞馬遜在做所有決定時，速度都很快。其關鍵

機制主要有三：①「打造層級少的縱向組織」；②「兩個披薩原則」（Two Pizza Rule）；③「權限委託」（Delegation）。①是關於整個公司的組織結構，牽涉層面較廣，但②和③則是每個職場都可以運用，屬於比較小層面的機制。

精簡的組織結構，拉近與傑夫．貝佐斯的距離

首先談談①「打造層級少的縱向組織」。

亞馬遜各部門採垂直編制。位於西雅圖的美國總部基本上握有決策權，日本「Amazon.co.jp」的系統變更，也幾乎是由美國的工程師處理。

執行長傑夫．貝佐斯之下，設有各部門的決策者高級副總裁（Senior Vice President，簡稱SVP），世界各國還有數十名副總裁（Vice President，簡稱VP，也就是各組織的負責人），再下面則有協理（Director）、資深經理（Senior Manager）、經理（Manager）等（共五個層級，請參照第二一一頁至二一三頁）。日本亞馬遜有兩名社長，一位是賈斯博．張（按：暫譯，Jasper Cheung，香港出生華人，負責零售和服務），另一位是我以前的直屬上

司傑夫・林田（負責倉庫、客製化服務、供應鏈等）。這兩名社長的頭銜都是VP。而我最終的職位是協理，但在我之上只隔三人，就是貝佐斯，可說是相當精簡的組織。

除此之外，亞馬遜的組織還有一個很大的特徵，那就是營運和零售等各部門有專屬的人事及財務單位，因此可以不受其他部門影響，部門內能夠單獨就人力與金錢確實商討。

重點只有一個，那就是：「這樁生意的性價比如何？」只要決策者同意，就馬上付諸執行。

層級式組織無法對應所有變化

接下來談談②「兩個披薩原則」。

貝佐斯認為，為了花費最少心力，且能迅速達成日常工作的溝通，必須注意兩點：

・用最適當的人數建立團隊。
・團隊成員要與問題直接相關。

貝佐斯從一九九〇年代後期開始，便經常把這句話掛在嘴邊：「層級式組織無法對應所有變化。」特別是牽涉到開發新科技，只要有具備自律性的實務團隊即可，不需要設置主管管理這個團隊。

在二〇〇二年時，有鑑於員工人數日益增加，貝佐斯提出了一個想法：運用兩個披薩原則重新整編公司。兩個披薩是指，當加班要訂披薩時，只要兩個披薩就可以餵飽所有團隊成員的人數。實際上大概就是五至六人，最多不會超過十人。一個專案的參與人數若是超過十個人，必然會形成層級式組織，問題的當事人就會把決定權交給主管，如此便無法快速針對問題採取行動。

目前運用兩個披薩原則組織的團隊，僅限於西雅圖總部的開發團隊，尚未普及到全公司。但即使如此，世界各地的亞馬遜人工作時都特別注意，不建立太複雜的層級式組織，以免妨礙員工自律行動。

① 打造層級少的縱向組織。

② 用最適當的人數，並且是與問題直接相關的成員組成團隊。

③ 委託權限給部屬。

嘗試盡量把權限委託給部屬

最後是③「權限委託」。亞馬遜有完備的機制，自己不在辦公室時，會將權限委託給其他人。像在歐洲等國，員工一休長假就是一個月，因此他們會在休假期間將權限委託他人，並向周遭同事宣布：「在我休假的期間，裁決權限已經交給這個人。」

因此，將權限委託給自己的部屬，也是方法之一。例如主管每個月手握十萬日圓的裁決權，那麼可以告訴信任的部屬：「在五萬日圓以內，可依你的決定運用，我會認可。但要記得確實回報！」如此一來，部屬也可以自由發揮創意、活用預算，從而激發工作的熱情，也可以期待部屬成長。但要注意，當發生任何問題，責任還是由委託人承擔，而非被委託人。

建立決策機制時，重要的是別因為害怕做錯決定，而把決策流程搞得很複雜，應該是要建立迅速、又可做出優秀決定的機制。

A.

如果程序不是為了客戶而存在，就要省去，建立可以迅速決策的機制。

2 貴公司以人工完成的工作，顧客願意買單嗎？

「為了要配合那些不懂資訊科技的老員工，公司的資訊化根本沒進展」、「明明用電腦就可以輕鬆做好，還花時間用人工作業」，這些也是許多公司常見的狀況。為了迎戰變化劇烈的時代，現在的企業已經面臨必須切換大方向的時刻。

亞馬遜內貫徹這個想法：「建立機制，只要能用科技取代的事情，就全部用科技取代。」亞馬遜認為，人力不應該花在可以用科技完成的事務，而應花在更高層級的事。因此，只要能用機器人取代人工，亞馬遜絕不猶豫、馬上替換。二〇一六年完工的神奈川縣川崎市倉庫裡，亞馬遜使用了二〇一二年併購的機器人物流系統公司「Kiva System」，所製作的機器人「Amazon

Robotics」。這臺機器人看起來只比掃地機器人略大一點，會在倉庫內移動，將商品搬到員工面前。之前用人工完成的工作，一夕之間就被機器人取代，這就是我們面臨的時代。

這些人工作業，客戶會開心的買單嗎？

亞馬遜盡可能的將資訊科技化、自動化應用到各種業務上。二〇一〇年左右，當我還在職時，當時人資部門的副總裁常說：「想一下，要怎麼不透過面試，就可以找到優秀人才。」人工智慧日趨發達的今天，已經可以利用電腦分類許多資訊，想來再過不久，招聘過程真的可以不需要面試了。

此外，前面也提到，亞馬遜應該很快就會實行公司內部裁決的自動化裁決系統吧，因為這只需要確認「是否滿足要件」以及「預期性價比是多少」。由於目前已經可以透過電腦系統自動判斷該融資與否，因此我相信自動化裁決系統，應該是可實現的。

為什麼亞馬遜要盡可能完成資訊科技化、自動化？原因正是本書一再強調的：「我們如果用人工處理這些作業，客戶應該不會願意為此買單吧？」

有一點希望大家不要誤解，即使是人工作業，也可以分為兩種。像是為了生產美味稻米，所以農家花費大量人力耕種，這是客戶會開心買單的人工。但如果明明是用電腦很快就可以做完的事，還特地用人工花了好幾天才完成，這些人力便會降低顧客滿意度。亞馬遜想要削減的，當然是後者。因為亞馬遜希望把這些因削減人工而產生的利益，透過降價等方式回饋顧客。

「勤儉節約」（Frugality）一詞深植亞馬遜人心中。這是OLP（我們的領導力準則）的第十條。雖然翻譯為勤儉節約，其實真正的意思略有出入。貝佐斯經常對我們說：「錢要花對地方。」這個說法比較接近Frugality的真正意義，也就是不要無意義的亂花錢，而是花在成本效益比高、可期待回報的地方。

離開亞馬遜後，我接觸過許多公司，發現很多公司都很捨不得花錢。最明顯的例子，就是對於電腦和行動裝置的投資。

捨不得花錢汰換電腦或手機？用性價比思考

亞馬遜汰換電腦的次數非常頻繁，在我工作的十五年間，至少換了七臺電腦，大概是每兩年就會換一臺新的，這是因為很明顯的，汰換電腦的性價比高。但即使如此，還是有很多公司的狀況是：「即使常常要開會，公司卻只配桌上型電腦」、「要和同事共用電腦，不是一人一臺」、「公司只配平價手機，所以常會出現錯誤或選錯字」等情況。企業捨不得花錢，員工若只是忍耐的話，工作第一線是不會有任何改變的。這時應該要做的，是和公司溝通，請公司汰換更新設備。

在和公司溝通時，建議可以採取以下步驟，以呈現出這件事的性價比。首先是用數字佐證「汰換更新電腦或手機，可以提升多少生產力」。這裡以使用一天會當機十五分鐘的電腦為例說明。

①假設員工的時薪是兩千日圓，則每天會浪費掉五百日圓。以一年工作日兩百五十天計算，五百日圓×兩百五十天＝十二萬五千日圓。

關於電腦等性價比高的設備，
必須把錢用在對的地方。

②若更換最新型電腦，可提升一〇%的作業效率。那麼簡單計算下來，「時薪兩千日圓×一天八小時×兩百五十天×〇・一＝四十萬日圓」，這是可以期待提升的生產力。

也就是說，①與②合計，可創造五十二萬五千日圓的效益。

接下來調查電腦的市價，假設一臺配備了所需功能的電腦，要價十萬日圓。

最後，將可期待的生產力減去電腦的金額，差額是四十二萬五千日圓。

和公司溝通時，不必說「電腦太舊了、很難用，請換一臺新電腦」，而是改說「只要汰換電腦，一年就可以提升四十二萬五千日圓的生產力，所以希望公司換新電腦」，這樣的說法應該更可能成功。此外，重點是要呈現一整年的性價比效果，因為時間如果拉長，那麼收到提案的人，就不會有實際感覺。「只要一年，就可為公司創造這麼多利益！」這樣的提案才容易通過。

A. 呈現汰換設備的性價比效果，盡快推動資訊科技化、自動化。

專欄八　亞馬遜的事後檢討機制

在亞馬遜，每當一個專案結束後，一定會進行事後檢討（Post mortem）。這是回顧檢討（Review，請參照第六十四頁）作業的一環，相當於PDCA循環的C及A，且每個部門都會進行。

我待得最久的營運部門中，最大型的事後檢討是在年度旺季的假日季（聖誕節至新年）結束後進行。在亞馬遜，迎接旺季的對策被稱為「假期對策」，全日本各地倉庫所長等數十名主管會召開電話會議，共同檢討假期對策。由各倉庫提出這次有什麼地方做得不錯、有那些環節做得不好，或是下次應該怎麼做。如果失敗的案例只停留在當事人心中，想著「下次我要再注意」，無法從根本解決問題。會議約耗時兩小時，事後會留下書面紀錄。

接下來，在下一次假期對策展開前，各倉庫內也會再度開會，再次檢視前一次檢討會的會議紀錄，一邊確認檢討內容、一邊思考對策，以萬全的準備付諸行動。（按：關於事後檢討，可詳見《Amazon 的人為什麼這麼厲害？》。）

第 9 章

青年愛斜槓，員工漸高齡，亞馬遜這樣因應變化

——不想學習新事物、員工想同時照顧家人和育嬰、想兼副業……

只要能達到工作目標，制度可以靈活變通

社交網路時代，任何人都可以在網路上發聲。最近幾年，我實際感受到企業與顧客的距離大幅縮短。更簡單一點來說，就是企業內部發生的事情，會全都攤在客戶面前。公司內部政治、派系鬥爭、無意義的會議等，**這些對客戶沒有利益的內部實情，客戶全部都會知道**。即使透過廣告，將公司形象包裝得很好，依然贏不過真實情況，甚至可以說形象與現實的差距越大，顧客的幻滅也就越大。

人類平均壽命延長，已經快到百歲人生的時代，此外日本等國也進入超高齡、少子化社會；在這樣的新時代，還採用舊思維做事的話，公司很可能變成顧客不喜歡的企業，也就是可能無法再存續下去。在亞馬遜，大家心中都認為「員工也是顧客」，因此顧客不青睞的企業，也就是員工不想選擇的

企業。員工如果面臨必須照顧家人，但公司卻不承認在家上班的制度；或是想為子女存教育基金，但公司不允許兼副業，員工可能會想：「時代明明在改變，卻還要被公司內部規則束縛，如果不能用適合自己的方式工作，這種工作不要也罷！」最終決定離職。

亞馬遜的立場是，只要不影響在亞馬遜的工作，想在家上班或兼副業都無妨。為什麼亞馬遜做得到這一點，那是因為公司賦予員工數字目標（請參照第二章）。導入數字目標管理，確保員工的自由度——各位不如先從自己權限所及的範圍開始改變，提升適應新時代的能力吧！

1 學習，工作，再學習，換跑道

「剩沒幾年就要退休了，所以不想再學新事物」、「到了這個年齡，已經沒辦法再做與之前不同的新業務」，許多職場都有許多這類抗拒學習、不想體驗新事物的員工。也許他們樂觀的認為：「依過去的做法來做，總會有辦法。」但事實絕非如此。

對於員工安於現狀的心態，亞馬遜利用領導力準則（OLP）第五條「好奇求知」（Learn and Be Curious）來告誡大家。

OLP第五條是全部十四條中，最新增列的一條，是在二〇一五年修訂時追加的。訂定OLP的西雅圖總部幹部，希望公司擴大後新加入的員工，能夠重視常保學習心與追求進化的精神，所以追加這一條。

公司創立初期，由具有好奇心與挑戰精神的員工，嘗試各種錯誤、播下種子，才有今日燦爛的花朵。然而在公司進入穩定期後才加入的員工，由於並未經歷過那段艱苦的草創時期，因此如果公司不想一些方法，這些新員工很可能只會著眼於自己的利益。因此貝佐斯警告：「不能只享受過去的人所播種開出的花朵，自己也要成為播種的人。」關鍵之處，就在於學習。

一生轉換三次跑道的年代

在英國的管理學者與經濟學家合著的暢銷書《人生轉變》（*LIFE SHIFT*）中，提出了「百歲人生時代」這個詞。用我的話來解釋他們的想法，那就是：「平均壽命八十歲的人生，只要思考『教育↓工作↓退休』三個階段即可。但是當平均壽命達到一百歲時，在教育與退休之間便有數個階段。」

以往畢業後在同一家公司做到退休的模式，將不復存在。即使是工作，也不會僅只於單一工作，**今後的職涯主流將會歷經三至四次的跑道轉換**。當轉換舞臺、換了新工作的時候，自然必須學習新知。我們的人生，將會重複

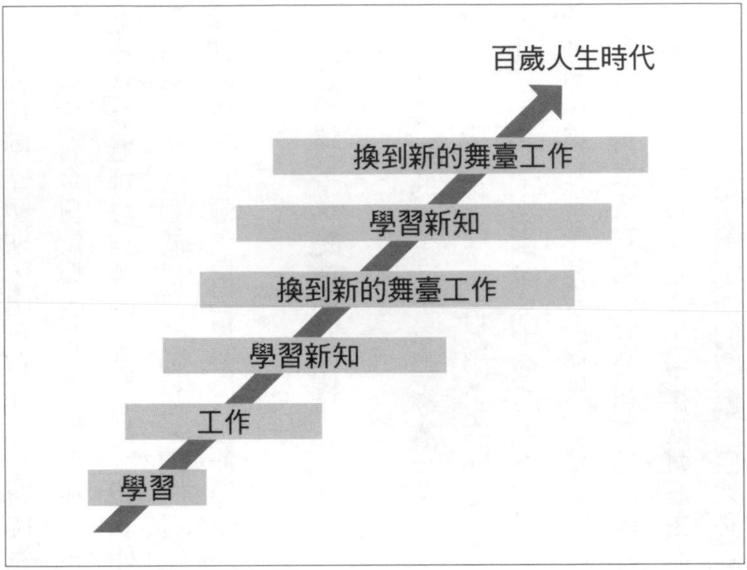

以下這樣的模式：「學習↓工作↓學習新知↓換到新的舞臺工作↓學習新知↓換到新的舞臺工作……。」

閱讀本書的讀者，有許多人應該是介於八十歲人生時代與百歲人生時代之間，因此學習將會是豐富您今後人生的關鍵詞之一。

我認為在亞馬遜，刺激員工學習欲望的來源，就是對顧客感興趣。因為我也曾經體驗過，在享受自身的興趣時，突然想到是否能把這種快樂回饋給客戶，因而激發出新點子。

離開亞馬遜後，我依然從顧客的角度來看待事物。我喜歡邀請朋友來家中舉辦烤肉派對，此時我會想，為了要款待客人、提供最棒的招待，我應該怎麼做？因此我從挑肉、調味、配菜等菜單選擇，到派對時的驚喜節目等，學習、思考了很多。若能連結自己的嗜好、關心的主題，以及希望取悅的人，學習將會更有樂趣。透過這樣的學習所認識的人，也會擴展人生的視野。

A.

把嗜好或關心的主題，與希望取悅的客群連結起來，並學習新知。

2 明確數字目標，彈性上班方式

隨著時代改變，越來越多人需要新型態的工作方式，例如在家工作制度等。缺少這些制度，或即使名義上有制度，但其實很難申請的公司，員工便會為了沒有彈性的工作方式而苦惱，例如上幼稚園的孩子發燒而必須請假，或每週要挪一個上午送父母去日間照護中心而請假。在辦公室面對面交流，當然有其優點，但也必須謹記，或許這樣的方式還無法滿足員工的需求。

亞馬遜將在家上班稱為「Work from Home」，簡稱ＷＦＨ。自從網路連線環境完備，在家也能簡單的用電腦連線處理工作以來，ＷＦＨ在亞馬遜已是司空見慣。

例如上班日的早晨發現孩子發燒，此時只需要以郵件聯絡主管及工作相關人員：「抱歉，因為孩子身體不舒服，今天我必須WFH。」發信時寫明：「雖然是WFH，但隨時都可以接電話和收信，也可以參加電話會議。」如此一來，即使是突發的WFH，在其他成員的配合之下，也不太會造成太大的影響，工作還是可以順暢進行。日本亞馬遜的員工原本就經常和西雅圖總部開電話會議，和不在現場的人溝通交流，因此對於WFH，並沒有什麼抗拒感。

重視家庭的企業文化

此外，由於亞馬遜是美國企業，「重視與家人相處的時間」這個觀念深植於企業文化中。我曾經被指派負責一個在遠地的倉庫成立事宜，當時有位高級副總裁來日本出差，在洗手間碰到時，他問我：「Masa（大家都這麼稱呼我），你要怎麼從家裡來這裡上班？」我回答：「因為從我家到這裡，搭電車要花兩個小時，所以我最近在附近租了公寓、一個人住。」對方聽到後大吃一驚。我解釋說：「因為最近工作很忙，所以是我自己希望這麼做的，

① 設定數字目標

⬇

② 只要能達成目標，什麼樣的工作方式都 OK。

要確立以上的體制。

家人也都能理解。」對方聽了之後雖然可以理解，但聽我的主管轉述，之後這位高級副總裁交代他：「盡快讓 Masa 可以和家人住在一起。」

這裡不是指亞馬遜會給員工津貼以照護家人，或是縮短帶小孩的員工上班的時間。亞馬遜的立場是，無論員工個人狀況為何，只要確實達成賦予的目標就沒關係。因此，不是由公司替員工思考：「每天接送小孩到幼稚園很辛苦，所以工時短一點也無妨。」公司的立場是，請員工配合自己的生活型態來決定工作方式，在這些方式中，也可以利用在家上班的制度。換句話說，每個人都有自己的數字目標，在這個大前提之

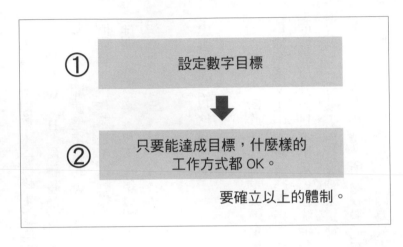

下，員工可以自由選擇工作方式。當然，根據職位與功能，還是有一些人必須到現場才行，例如倉庫管理者等。

公司要求員工的，不是上班的出勤率，而是達成目標。「不在辦公室就等於沒在工作」，這種想法已經該被淘汰了。

A. 設定數字目標，彈性調整工作方式，只要確實達成賦予的目標就無妨。

3 不同領域的副業經驗，能加強本業的工作品質

有一個經常被拿出來討論的話題：「公司是否應該容許員工兼副業？」在今天這樣的時代，我認為亞馬遜的做法或許可供各位參考，因此在此介紹這個主題。

亞馬遜基本上允許員工兼副業。更精確的說，公司認為只要不妨礙在亞馬遜的工作，員工要做什麼都可以。

事實上，有些員工一邊在亞馬遜上班，一邊經營自己的公司；也有員工在上班之餘，運用名下的不動產賺取收益。歐美國家的規定是每週工時四十小時，若公司有確實的數字目標，員工有副業是再自然不過的事。

上班族必須兼差副業的理由很多，像是金錢的因素、只有一家公司的薪

水不夠花用。但還有一個重要的理由是，想體驗更多事物。對於即將迎接百歲人生時代、精力充沛的上班族來說，這已經蔚為風潮。舉例來說，有些人雖然在金融業工作領薪水，但自己從以前就對保護自然環境很熱心，因此週末會去保護環境相關的NPO工作。或是有些人雖然在機械製造業上班，但原本就對教學感興趣，所以在工作之餘開補習班、教小朋友。

在一個領域獲得的經驗，會提升另一個領域的工作品質

我本身也是一樣，一邊擔任企業經營顧問，一邊從事與日本料理（特別是壽司）相關的工作。認識的朋友偶爾會邀請我為他們家的派對提供料理，請我「出差」去派對上掌廚。我在離開亞馬遜後，有機會與日本料理主廚學習壽司的捏法，以及日本料理的烹調方式，在過程中學到的經驗與知識，對我的幫助非常大。

兼職副業便是具備多種視野，我們的知識與經驗都會因此快速增加。以我的自身經驗而言，身為經營管理顧問、使經營者與中階幹部得以滿足，和

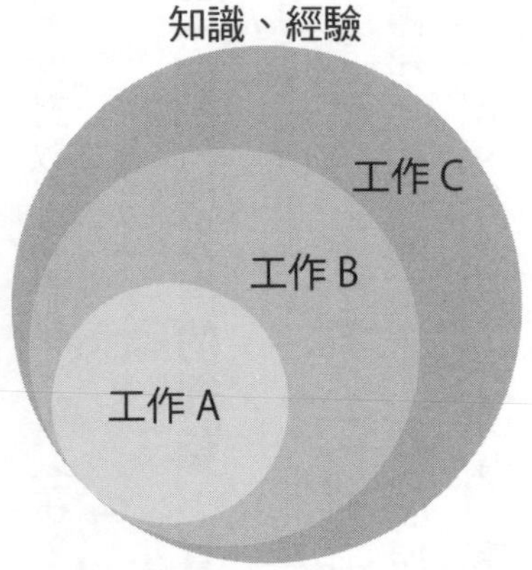

透過從事各式各樣的工作，
便會迅速累積知識與經驗。

身為廚師、讓派對主人獲得滿足，這兩者之間有共通點。在一個領域上累積的經驗值，可以活用在另一個領域，這樣的感覺讓我喜不自禁。而且這兩件事有一個共同之處，那就是滿足顧客。此外，我想取悅的不只是眼前的顧客，還包含顧客的顧客。這和亞馬遜一路走來的思維相符，亞馬遜時代所累積的經驗，便是我目前所做的活動的基礎。

我的例子是離開公司後的案例，但對目前還在企業工作的上班族來說，思考除了現在公司的工作之外，有什麼想做的事，其實非常有意義。因為這些事很有可能，會和自己心中真正想做的事，或是一生之中不做就會後悔的事等，有很高的關聯。有些人或許想一想，覺得還是現在的工作最棒，也可能會覺得三年後想試著獨立創業。心中浮現的想法，會引領你前進，就像是高掛天空的北極星一般。

A. **在不妨礙工作的前提下，不妨遵循自己的心聲，嘗試新事物。**

後記
亞馬遜最大的強項？按部就班、貫徹執行而已

經常有人問我：「亞馬遜為何可以成長得這麼快速？有什麼特別的訣竅嗎？」我通常都這麼回答：「沒有什麼特別訣竅。亞馬遜只思考可以為顧客做什麼？然後單純的展開事業，是一間按部就班的公司。」

我認為亞馬遜最大的強項，就是按部就班、貫徹到底。亞馬遜絕不是源源湧現什麼前所未有的嶄新創意的公司。一項一項老實的執行，也許有其他人想過，但沒人曾經實現、執行過，這個態度造就了今天的亞馬遜。

二〇一八年底，我造訪了西雅圖。在西雅圖有一個被稱為「亞馬遜體驗中心」（Amazon Experience Center）的區域，這裡展示、銷售著由亞馬遜與

大型地產開發商和住宅建商共同開發的獨棟住宅。在屋內各處利用語音人工智慧「Alexa」，只要透過智慧型喇叭「Amazon Echo」，說出使用者的需求即可。例如，只要對喇叭說「我想看電影」，系統就會自動拉上窗簾，開始播放 Prime Video 上的電影；對著喇叭說「去打掃」，掃地機器人就會開始運作等。

這棟兩層樓、有四個房間的智慧家居建築，要價九十萬美金（約一億日圓）。這樣的住宅構想，其實並不是什麼全新的概念，可以說每個人都曾想要擁有這樣的房子，某種程度來說，在技術上也是可實現的。但只有亞馬遜真的踏出這一步、貫徹執行，把這個構想轉化為實體。

我在第一本著作《Amazon 的人為什麼這麼厲害？》中，曾介紹過亞馬遜的績效評估制度與目標管理，本書則是更進一步以解決問題為主題，思考：「貫徹執行的過程中，一定會發現問題。我們該如何從根本上面對，並解決這些問題？」我衷心希望，本書可以為正在職場上「貫徹執行」的各位，提供一些參考。

參考資料附錄

〔參考資料1〕亞馬遜的組織

亞馬遜以美國總公司為中心，各部門採垂直編制。位在西雅圖的美國總部基本上握有決策權，日本零售網站「Amazon.co.jp」的系統變更，也幾乎是由美國的工程師處理。

組織採樹狀編制，最高決策者是執行長（CEO）傑夫・貝佐斯，其下有各部門的決策者高級副總裁（Senior Vice President，簡稱SVP），世界各國還有數十名副總裁（Vice President，簡稱VP，也就是各組織的負責人），再下面則有協理（Director）、資深經理（Senior Manager）、經理（Manager）等，層級十分精簡。營運和零售等各部門有專屬的人事及財務單位，因此可以不受其他部門影響，部門內單獨就人力與金錢確實商討。

日本亞馬遜有兩名社長，一位是賈斯博・張（負責零售和服務），另一位是我以前的直屬上司傑夫・林田（負責倉庫、客製化服務、供應鏈等）。

亞馬遜組織圖

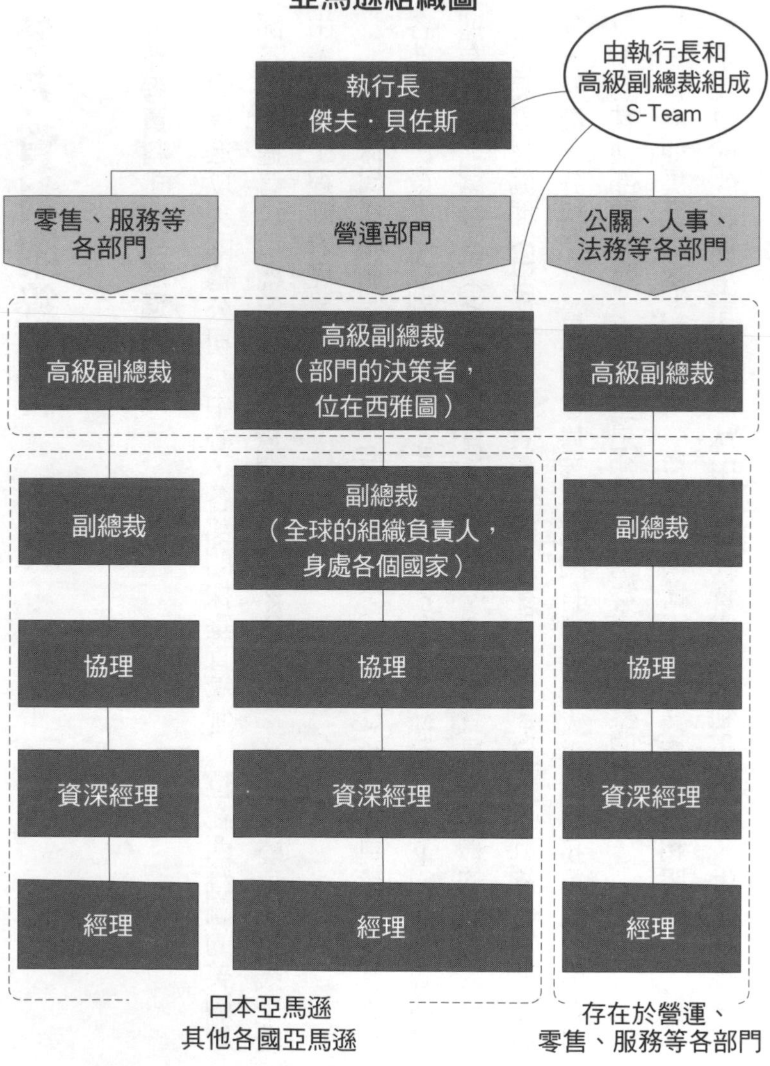
由執行長和
高級副總裁組成
S-Team
執行長
傑夫．貝佐斯
零售、服務等
各部門
營運部門
公關、人事、
法務等各部門
高級副總裁
高級副總裁
（部門的決策者，
位在西雅圖）
高級副總裁
副總裁
副總裁
（全球的組織負責人，
身處各個國家）
副總裁
協理
協理
協理
資深經理
資深經理
資深經理
經理
經理
經理
日本亞馬遜
其他各國亞馬遜
存在於營運、
零售、服務等各部門

這兩名社長的頭銜都是VP，在西雅圖也有直屬上司。

S-Team直接隸屬於執行長之下，負責制定OLP等。而亞馬遜網路服務公司「AWS」（Amazon Web Services）與日本亞馬遜則是兩間不同公司。（按：相關內容可詳見《Amazon的人為什麼這麼厲害？》。）

【參考資料2】我們的領導力準則OLP（Our Leadership Principles）

OLP是所有亞馬遜人都被要求遵守的行動規範，總共有十四條（引用自亞馬遜網站）。

①顧客至上（Customer Obsession）

領導者從客戶著手，再反向推動工作。他們努力工作，贏得並維繫客戶對他們的信任。雖然領導者會關注競爭對手，但是他們更關注客戶。

②主人翁精神（Ownership）

領導者是主人翁。他們會從長遠考慮，不會為了短期業績而犧牲長期價值。他們不僅僅代表自己的團隊，而且代表整個公司行事。他們絕不會說：「那不是我的工作。」

③創新與簡化（Invent and Simplify）

領導者期望並要求自己的團隊進行創新和發明，並始終尋求簡化工作的方法。他們了解外界動態，四處尋找新的創意，並且不局限於「非我發明」的觀念。當我們開展新事物時，我們要接受被長期誤解的可能。

④決策正確——在大多數情況下（Are Right, A Lot）

領導者在大多數情況下都能做出正確的決定。他們擁有卓越的業務判斷能力和敏銳的直覺。他們尋求多樣的視角，並挑戰自己的觀念。

⑤好奇求知（Learn and Be Curious）

領導者從不停止學習，並不斷尋找機會以提升自己。領導者對各種可能性充滿好奇，並付諸行動加以探索。

⑥選賢育能（Hire and Develop the Best）

領導者不斷提升招聘和晉升員工的標準。他們表彰傑出的人才，並樂於在組織中透過職位輪調砥礪他們。領導者培養領導人才，他們嚴肅的對待自己育才的職責。領導者從員工角度出發，創建職業發展機制。

⑦最高標準（Insist on the Highest Standards）

領導者有著近乎嚴苛的高標準——這些標準在很多人看來可能高得不可理喻。領導者不斷提高標準，激勵自己的團隊提供優質產品、服務和流程。領導者會確保任何問題不會蔓延，及時徹底解決問題並確保問題不再出現。

⑧遠見卓識（Think Big）

局限性思考只能帶來局限性的結果。領導者大膽提出並闡明大局策略，由此激發良好的成果。他們從不同角度考慮問題，並廣泛的尋找服務客戶的方式。

⑨崇尚行動（Bias for Action）

速度對業務影響至關重要。很多決策和行動都可以改變，因此不需要過於廣泛的推敲。我們提倡在深思熟慮的前提下冒險。

⑩勤儉節約（Frugality）

力爭以更少的投入實現更大的產出。勤儉節約可以讓我們動腦筋、自給自足並不斷創新。增加人力、預算以及固定支出，並不會為你贏得額外加分。

⑪贏得信任（Earn Trust）

領導者專注傾聽，坦誠溝通，尊重他人。領導者敢於自我批評，即便這樣做會令自己尷尬或難堪。他們並不認為自己或其團隊總是對的。領導者會以最佳領導者和團隊為標準，來要求自己及其團隊。

⑫刨根問底（Dive Deep）

領導者深入各個環節，隨時掌控細節，經常進行審核，當數據與傳聞不一致時抱持懷疑態度。領導者不會遺漏任何工作。

⑬敢於諫言、服從大局（Have Backbone; Disagree and Commit）

領導者必須能夠不卑不亢的質疑他們無法苟同的決策，哪怕這樣做讓人心煩意亂，筋疲力盡。領導者要信念堅定，矢志不移。他們不會為了保持一團和氣而屈就妥協。一旦做出決定，他們就會全身全意的致力於實現目標。

⑭達成業績（Deliver Results）

領導者會關注其業務的關鍵決定條件，確保工作品質並及時完成。儘管遭受挫折，領導者依然勇於面對挑戰，從不氣餒。

（按：領導力準則的相關內容可詳見《Amazon 的人為什麼這麼厲害？》。）

〔參考資料3〕亞馬遜商業模式

傑夫．貝佐斯在某次與投資家的餐敘中，被問到：「能否告訴我亞馬遜的商業模式？」這時貝佐斯用膝蓋上的餐巾畫了一張圖，這稱為「良性循環」（Virtuous Cycle）。圖的中心是成長（Growth），周圍有六大要素圍繞，每項要素都有箭頭連結。箭頭不是雙向，而是單向，可以知道各個要素會因為哪種要素而擴大。宛如在一個封閉的空間內接連發生連鎖反應，讓反應的結果——「成長」持續擴大。

亞馬遜的驚人成長，完全符合這張圖的預言，而且只要這套商業模式持續存在，就能確保今後的成長——這種說法一點也不過分，這套模式就是如此完美。

此外，我的前主管，也就是日本亞馬遜的現任社長傑夫．林田，在良性循環上追加了「創新」（Innovation）這一項目，並畫出箭頭連結到「顧客體驗」。他應該是想向我們強調：「今後，創新會逐漸成為和選擇一樣重要的項目」。（按：相關內容可詳見《Amazon 的人為什麼這麼厲害？》。）

呈現亞馬遜商業模式的「良性循環」

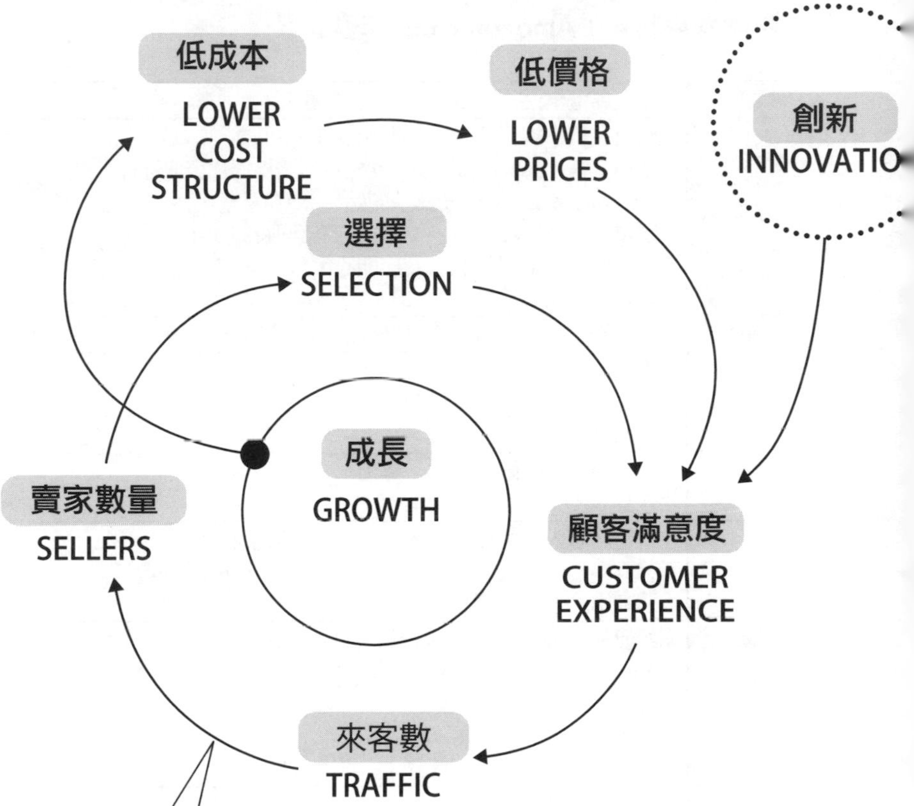

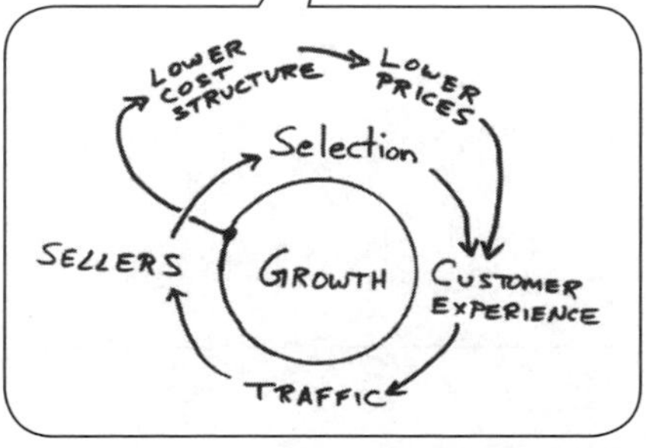

傑夫・貝佐斯手繪圖

〔參考資料 4 〕Amazon.co.jp 年表

2000 年	日本亞馬遜網站「Amazon.co.jp」啟用。
2001 年	北海道札幌市客戶服務中心開始運作。 賈斯博・張（Jasper Cheung）就任日本亞馬遜代表取締役社長。 「Amazon Associate Program」開始。 「音樂」、「DVD」、「Video」商店同時開設。 「軟體」、「電視遊戲」商店開設。 開始貨到付款服務。
2002 年	「亞馬遜市集」（Amazon Marketplace）開設。
2003 年	「家電」商店開設。 「亞馬遜網路服務」開始運作。 「家居及廚房」商店開設。
2004 年	在書籍商店內開闢「雜誌」專區。 「玩具 & 個人愛好」商店開設。
2005 年	在書籍商店內開始提供「內容試讀！檢索」服務。 新物流中心「亞馬遜市川 FC」於千葉縣市川市開始運作。 「運動用品」商店開設。
2006 年	開始便利商店、ATM、網路銀行付款服務。 「Amazon 賣家無憂服務」提供開始。 「健康 & 美容」商店開設。 便利商店開始販賣亞馬遜購物卡。 開始提供「加急配送」服務。
2007 年	「亞馬遜積分」服務開始。 「手錶」商店開設。 「運動用品」商店名稱改為「運動戶外休閒」。 「Merchant@amazon.co.jp」企業開店服務開始。 「嬰兒 & 母親」商店開設。 「Amazon Prime」服務開始。 新物流中心「亞馬遜八千代 FC」於千葉縣八千代市開始運作。 「美衣 & 美鞋」商店開設。

（接下頁）

2008 年	「亞馬遜物流」（FBA，Fulfillment by Amazon）服務開始。 「美妝」商店開設。 「超商取貨」服務開始。 「食品 & 飲料」商店開設。 開設專售鞋子與箱包的網站「Javari.jp」。
2009 年	「珠寶」商店開設。 「文具・辦公室用品」商店開設。 超商開始販售亞馬遜禮券。 「Javari.jp」網站中開設「兒童 & 母嬰」專區。 「Javari.jp」網站中開設「設計師商店」專區。 「DIY・工具」商店開設。 新物流中心「亞馬遜堺 FC」於大阪府堺市開始運作。 開始提供「當日加急配送」服務。 「汽車 & 摩托車」商店開設。 「亞馬遜認證簡約包裝」（FFP，Frustration-Free Packaging）服務導入開始。 「AmazonBasics」製品銷售開始。 「FBA Multi-Channel Service」物流服務開始。
2010 年	「樂器」商店開設。 「Amazo Vine 先行計畫」服務開始。 「亞馬遜市集 Web Service」服務開始。 新物流中心「亞馬遜川越 FC」於琦玉縣川越市開始運作。 開始提供「指定時間配送」服務。 「作者頁面」開設。 「亞馬遜訂購省」服務開始。 「寵物用品」商店開設。 「免費配送」服務開始。 新物流中心「亞馬遜大東 FC」於大阪府大東市開始運作 開始提供 DRM free 音樂下載服務「Amazon MP3 Download」。 「Nippon Store」商店開設。

（接下頁）

2011 年	「PC 軟體下載商店」服務開始。 新物流中心「亞馬遜狹山 FC」、「亞馬遜川島 FC」開始運作。
2012 年	宮城縣仙台市的客戶服務中心開始運作。 日本總公司遷移到目黑區下目黑。 新物流中心「亞馬遜鳥栖 FC」於佐賀縣鳥栖市開始運作。 電子書服務「Kindle Store」開始。 「Amazon Cloud Player」服務開始。 新物流中心「亞馬遜多治見 FC」於岐阜縣多治見市開始運作。
2013 年	新物流中心「亞馬遜小田原 FC」於神奈川縣小田原市開始運作。 大阪分公司於大阪府大阪市北區中之島開始運作。 Kindle Owners' Library 服務提供開始。 動畫線上視聽服務「Amazon Instant Video」開始。
2014 年	針對亞馬遜網站的法人銷售用戶提供「Amazon Lending」融資服務。 Amazon.co.jp 設立「Amazon FB Japan」，開始銷售酒類商品。 結束服飾銷售網站「Javari.jp」。 LAWSON 便利商店內開始提供購買或預約 Amazon.co.jp 商品的服務。
2015 年	Windows 版電子書閱讀軟體「Kindle for PC」App 開始提供。 Mac 版電子書閱讀軟體「Kindle for Mac」App 開始提供。 「Amazon Login & Payment」跨網站帳號登入支付服務開始。 「Amazon 二手書買回服務」開始。 「Prime Video」服務開始。 新物流中心「亞馬遜大田 FC」於東京都大田區開始運作。 開始提供下單後一小時或兩小時內送達的「Prime Now」服務。
2016 年	一般配送免運費服務終止。 日本亞馬遜公司與日本亞馬遜旗下的物流公司（Amazon Japan Logistics）合併，公司體制由株式會社變更為合同會社（譯註：株式會社相當於股份有限公司。合同會社為日本特有的公司體制，介於臺灣的股份有限公司與有限公司之間）。

（接下頁）

2016 年	電子書無限次閱讀服務「Kindle Unlimited」開始。 新物流中心「亞馬遜川崎 FC」於神奈川縣川崎市開始運作。 新物流中心「亞馬遜西宮 FC」於兵庫縣西宮市開始運作。 「Amazon Dash Button」開始提供服務。
2017 年	新物流中心「亞馬遜藤井寺 FC」於大阪府藤井寺市開始運作。 支援新創商品的「Amazon Launchpad」於日本開始提供。 Amazon Prime 會員專享的「Prime Now」新增約 1 萬 1,000 件的藥妝店以及百貨公司健康美妝、熟食、甜點等商品。 「Amazon Fresh」於東京部分地區開始提供服務。 「Amazon Echo」於日本開始銷售。
2018 年	針對 Amazon Prime 會員開始提供新服務「Prime Wardrobe」。 法人、個人事業主專用的採購網站「Amazon Business」開始提供付費服務「Business Prime」。 新物流中心「亞馬遜茨木 FC」開始運作。 Amazon Fashion 在品川海濱大樓（Shinagawa Seaside）開設世界最大規模的攝影棚。

Biz 318

帶人的問題，Amazon 都怎麼解決？

亞馬遜的管理學，就算資質普通也被你變成幹練。
下指令、建標準，課本沒教的管理實務。

作　　者／佐藤將之
譯　　者／林信帆
責任編輯／劉宗德
校對編輯／張慈婷
美術編輯／張皓婷
副總編輯／顏惠君
總 編 輯／吳依瑋
發 行 人／徐仲秋
會　　計／林妙燕
版權經理／郝麗珍
行銷企劃／徐千晴
業務助理／王德渝
業務專員／馬絮盈
業務經理／林裕安
總 經 理／陳絜吾

國家圖書館出版品預行編目（CIP）資料

帶人的問題，Amazon 都怎麼解決？：亞馬遜的管理學，就算資質普通也被你變成幹練。下指令、建標準，課本沒教的管理實務。/ 佐藤將之著 . 林信帆譯 -- 初版 . -- 臺北市：大是文化，2020.02
224 面；14.8 X 21 公分 --（Biz；318）
譯自：アマゾンのすごい問題解決
ISBN 978-957-9654-57-9（平裝）

1. 亞馬遜網路書店 (Amazon.com)　2. 企業管理　3. 管理理論

494.1　　108019497

出 版 者　大是文化有限公司
臺北市 100 衡陽路 7 號 8 樓
編輯部電話：（02）23757911
購書相關諮詢請洽：（02）23757911 分機 122
24 小時讀者服務傳真：（02）23756999
讀者服務 E-mail：haom@ms28.hinet.net
郵政劃撥帳號　19983366　戶名／大是文化有限公司
法律顧問　永然聯合法律事務所

封面設計／林雯瑛
內頁排版／陳相蓉
印　　刷／鴻霖印刷傳媒股份有限公司
出版日期／2020 年 2 月初版
定　　價／340 元（缺頁或裝訂錯誤的書，請寄回更換）
I S B N／978-957-9654-57-9　　Printed in Taiwan

AMAZON NO SUGOI MONDAI KAIKETSU
by
MASAYUKI SATO